高性能计算技术丛书

The OpenMP Common Core: Making OpenMP Simple Again

OpenMP
核心技术指南

蒂莫西·G. 马特森（Timothy G. Mattson）

[美]　　　　何云（Yun (Helen) He）　　　　著

爱丽丝·E. 康尼西（Alice E. Koniges）

黄智濒　杨旭东◎译

机械工业出版社
CHINA MACHINE PRESS

图书在版编目（CIP）数据

OpenMP 核心技术指南 /（美）蒂莫西·G. 马特森（Timothy G. Mattson），（美）何云，（美）爱丽丝·E. 康尼西（Alice E. Koniges）著；黄智濒，杨旭东译 . -- 北京：机械工业出版社，2021.6（2023.10 重印）

（高性能计算技术丛书）

书名原文：The OpenMP Common Core: Making OpenMP Simple Again

ISBN 978-7-111-68434-3

I. ① O… II. ① 蒂… ② 何… ③ 爱… ④ 黄… ⑤ 杨… III. ① 并行程序 – 程序设计 IV. ① TP311.11

中国版本图书馆 CIP 数据核字（2021）第 101397 号

北京市版权局著作权合同登记　图字：01-2020-7229 号。

Timothy G. Mattson, Yun (Helen) He, Alice E. Koniges: The OpenMP Common Core: Making OpenMP Simple Again (ISBN 978-0-262-53886-2).

Original English language edition copyright © 2019 Timothy G. Mattson, Yun(Helen) He, and Alice E. Koniges.

Simplified Chinese Translation Copyright © 2021 by China Machine Press.

Simplified Chinese translation rights arranged with MIT Press through Bardon-Chinese Media Agency.

OpenMP 核心技术指南

出版发行：机械工业出版社（北京市西城区百万庄大街 22 号　邮政编码：100037）

责任编辑：曲　熠　　　　　　　　　　　　责任校对：殷　虹

印　　刷：固安县铭成印刷有限公司　　　　版　　次：2023 年 10 月第 1 版第 2 次印刷

开　　本：186mm × 240mm　1/16　　　　印　　张：13.25

书　　号：ISBN 978-7-111-68434-3　　　　定　　价：79.00 元

客服电话：（010）88361066　68326294

The Translator's Words 译 者 序

随着摩尔定律和丹纳德微缩定律的终结，在满足功耗约束的前提下，如何有效利用集成元器件成为摆在计算机体系结构设计者面前的重大挑战。多核化、以加速器为基础的处理器核心的异构化以及片上存储层次的多级化形成了多种多样的体系结构。诞生于集中式共享存储的对称多处理器模型下的 OpenMP，也在不断变化和发展，从聚焦并行性的 OpenMP 1.0 ~ 2.5，到聚焦不规则并行模式的 OpenMP 3.0，再到应对多样化异构体系结构的 OpenMP 4.0 ~ 5.0，OpenMP 编程模型在不断演化，从一种支持简洁的并行编程模型的 API，发展成一种庞大的跨平台兼容各种并行体系结构的复杂编程模型。这一变化使得 OpenMP 难以入门和应用。

面对这种现状，本书作者根据 OpenMP 规范的演变过程，以及 OpenMP 在实际应用案例中的特点，从 OpenMP 最初的设计哲学出发，梳理出必要且常用的 OpenMP 元素，构成 OpenMP 通用核心，帮助读者快速掌握基于 OpenMP 的多线程编程。本书按照循序渐进的学习思路安排素材，引导读者逐渐进入并行计算领域，了解性能指标和相关描述，并通过对 OpenMP 的主要组件和程序模型的介绍，使得读者快速了解多线程编程的精髓。本书强调动手实践，通过大量的实例和各类并行实现的对比，深入讲解 OpenMP 通用核心涉及的概念、构造和并行化编程方法，同时兼顾存储一致性模型等有助于读者理解原理的必要的底层思想。在此基础之上，引入更复杂、更现代的 OpenMP 编程要素，通过 OpenMP 系统化的术语、规范的介绍和各类网上资源，引导读者实现从入门到精通的跨越。

虽然译者一直在从事计算机体系结构和大规模并行计算方面的实践与科研工作，但限于水平，翻译中难免有错漏和瑕疵，恳请读者及同行批评指正，译者不胜感激。

最后，感谢家人和朋友的支持与帮助。同时，要感谢在本书翻译过程中做出贡献的人，特别是北京邮电大学曹凌婧、汪鑫、刘涛、张瑞涛、刘小萌和张涵等。还要感谢机械工业出版社的各位编辑，以及北京邮电大学计算机学院（国家示范性软件学院）的大力支持。

黄智濒

智能通信软件与多媒体北京市重点实验室

北京邮电大学计算智能与可视化实验室

2021 年 3 月

序　言 *Foreword*

　　我为 OpenMP 感到骄傲。自从我加入一个旨在创建 OpenMP 的并行程序员小团队以来，已经过去 20 多年了。今天，这门语言仍在茁壮成长，并深受广大程序员的欢迎。

　　然而，在 OpenMP 的世界里，并不是一切都很顺利。伴随着缓慢演变而增加的复杂度可能导致其"窒息"，而这种复杂度的增加常常困扰着成功的编程语言。为了适应新的硬件，新的功能会被添加到 OpenMP 中。当少数算法中出现了 OpenMP 难以处理的极端情况时，需要在熟悉的构造中加入新的子句。我们创建 OpenMP 时，有些没有考虑到的算法现在被认为是关键性的，于是又定义了新的构造（construct）。在经历了 20 年这样的过程之后，很难再看到简单的 API——那些我们在 1996 年开始创建 OpenMP 时所设想的 API。

　　通过这本书，我们返璞归真，回到创建 OpenMP 时的简约状态。增加复杂性是要有理由的。我们并不是要让 OpenMP 的进步倒退，而是要改变讲解 OpenMP 的方式。刚接触 OpenMP 的读者应该学习 OpenMP 中的一个小子集，这些内容在大多数程序中都会用到。只有掌握了这套通用的核心构造，才是时候去探索这门语言中更细微、更复杂的部分。

　　如果你是 OpenMP 的新手，这本书就是为你准备的，可以让你学习 OpenMP 的通用核心。有了这个基础，当你探索现代硬件上广泛的并行算法时，一切都是可能的。

Timothy G. Mattson

2019 年 5 月

Preface 前　言

本书不是 OpenMP 的参考指南，在 OpenMP 网站上可以找到该语言的参考指南，将其和 OpenMP 规范结合起来就能提供你所需要的信息。此外，也可以将 Ruud van der Pas、Eric Stotzer 和 Christian Terboven[13] 所著的 *Using OpenMP—The Next Step* 这本优秀的书作为参考指南。

本书是关于如何学习 OpenMP 的。我们假设读者没有多线程的经验，也没有 OpenMP 的知识。我们将材料分块有序引入，以便读者有效地学习这门语言。这与参考指南不同，在参考指南中，你会通过系统的关键元素来逐一了解每个元素的完整描述。在本书中，我们介绍了一些想法和支持这些想法的 OpenMP 构造（construct）。然后，在引入更复杂的想法时，我们会重新审视 OpenMP 构造，并描述该构造的其他方面。对于任何一个给定的 OpenMP 构造，关于能用它做的一切事情的完整描述可能分散在几个章节中。

这样的安排是不会出现在参考指南中的。但正如你希望看到的那样，这对于学习一门新的编程语言来说是非常有益的。例如，在教孩子数学函数的概念时，你永远不会在接近奇点时引入极限和函数值的概念。你会等待，往往是很多年后，当孩子掌握了函数的概念后，而且是通过长期的练习掌握后，再引入极限来完成函数的完整定义。同样，对于 OpenMP 也是如此。在介绍创建线程的并行构造（parallel construct）时，解释所有控制数据环境的机制会让人难以接受。不如先介绍线程的创建以及如何利用线程做有用的工作。然后，在掌握了管理线程的基础知识后，再回到线程创建，但此时拥有了控制数据环境的能力。

使用本书的关键是主动地跟随本书练习。下载一个 OpenMP 编译器（gcc 编译器和大多数商业编译器一样支持 OpenMP）。随着每个 OpenMP 指令或 API 例程的引入，编写程序进行实验。以不同的方式使用它们，理解它们的工作原理，然后再继续阅读。在写代码之前，不要只把书从头到尾读一遍，暂停一下，边看书边写代码。

为了支持这种主动学习的方式，本书网站（http://www.ompcore.com）提供了各种各样的程序和练习。请经常查阅该网站，我们会持续更新，不断分享关于 OpenMP 通用核心的新知识。

最后说一下编程语言。OpenMP 支持 C、C++ 和 Fortran，理想的情况是本书应该包含这三种语言的例子。然而，这样做会大大扩大本书的篇幅和范围，对读者来说，这些额外的工作真的没有什么好处。除了极少数的例外情况（书中有详细说明），OpenMP 在三种语言之间基本上是一样的，知道了一种语言的 OpenMP，就会知道三种语言的 OpenMP。因此，我们选择为 C/C++ 和 Fortran 定义构造，但书中的例子和大部分的讨论都以 C 语言为主。我们认为这是一个正确的折中方案，因为在高性能计算领域，C 语言是程序员要掌握的最基本的知识，即使是主要编写 Fortran 代码的程序员，也要了解 C 语言的基础知识。

为了帮助使用 Fortran 的读者，我们在本书网站上提供了所有例子的 Fortran 版本。对于少数不懂 C 语言的 Fortran 程序员，我们还提供了 C 语言的简短教程。我们相信，本书与这些在线资源对 Fortran 程序员来说是重要的学习资料。因此，请不要因为满篇的 C 代码而使你对本书望而却步。如果你想学习 OpenMP，无论是用 C、C++ 还是 Fortran 编程，本书都会对你有所帮助。

致谢

本书的内容是在 20 年的 OpenMP 教学基础上煞费苦心地开发出来的。例子、材料的组织流程和概念的描述方式等，都是由讲师团队在各种超级计算会议的讲座上研究出来的。我们要特别感谢 Mark Bull（EPCC）、Sanjiv Shah（Intel）、Barbara Chapman（石溪大学）、Larry Meadows（Intel）、Paul Petersen（Intel）和 Simon McIntosh-Smith（布里斯托大学）。内存模型的内容整合起来特别困难，田新民（Intel）、Michael Klemm（Intel），特别是 Deepak Eachempati（Cray）在帮助我们定义这些材料方面发挥了重要作用。为了开发内存模型的例子，我们需要访问各种各样的架构。Simon McIntosh-Smith 给予我们非常大的帮助，协助我们访问布里斯托大学的 Isambard 系统。

我们非常感谢 MIT 出版社的审稿团队。在从定稿到出版的过程中，他们的反馈对我们帮助很大。在这个团队中，我们特别要提到 Ruud van der Pas（Oracle）。Ruud 是我们的好朋友，他从一开始就鼓励我们参与这个项目。他对本书进行了非常仔细的审阅，做出了超出其职责范围的贡献。

我们还要感谢 OpenMP 架构审查委员会允许我们使用 OpenMP 规范和部分示例文档。最后，我们要感谢整个 OpenMP 社区的人：Bronis de Supinski（LLNL）和他领导的 OpenMP 语言委员会，与我们合作过的 OpenMP 程序员，以及过去使用过我们的教程的所有学生。没有他们，我们不可能创作出这样的书。

Contents 目　　录

第一部分 *Part 1*

做好学习 OpenMP 的准备

从计算的早期,乃至今天,同时做许多事情一直是提高性能的关键。从最初的 Cray 向量超级计算机中的流水线式执行单元、分布式内存工作站集群到单 CPU 中配置的多个核心,几十年来,并行性对于性能至关重要。

并行硬件只有在并行软件下才有用。如果能自动生成并行软件就好了。这已经尝试过很多次,除了极少数例外,其他都没有用,因此程序员需要编写并行软件。

这就造成了硬件和软件之间的"紧张"关系。新的硬件出现,程序员必须适应。这意味着编程语言和工具必须适应硬件。

在本书的第一部分,我们将描述并行程序员工作的世界。我们将为学习 OpenMP 做好准备,并将重点放在使用共享内存多处理器计算机这类重要的并行系统的程序员的需求上。这一讨论将引导我们了解这些机器所使用的编程模型以及 OpenMP 的历史渊源。

第 1 章

并 行 计 算

程序是在计算机上运行的指令流。计算机由包括内存、存储系统以及一个或多个处理单元在内的许多部分组成，而处理单元是计算机中实际进行"计算"和执行指令的部分。

顺序程序指一个程序在单个处理单元上运行，而并行程序同时在多个处理单元上运行多个指令流。这两种程序的基本思想很简单，但使用并行解决实际问题却不简单。

并行计算已经发展为计算机科学中一个独特的分支，有自己的专业术语、概念和硬件，当然还有自己的编程语言。它是在高性能计算（HPC）社区内发展起来的，如今已成为每一个 HPC 程序员所需掌握的核心知识的一部分。然而，并行计算中的许多理念对于 HPC 之外的广大程序员群体来说是陌生的。

我们希望每个人而不仅仅是 HPC 程序员能阅读本书并从中受益。因此，在本章中，我们讲解并行计算的语言和基础概念。对于有经验的 HPC 程序员来说，可以快速浏览本章以验证自己是否和我们使用了一样的并行计算专业术语。对于 HPC 新手或来自 HPC 社区之外的人，要仔细阅读本章，因为在本章中我们建立了学习 OpenMP 所需的基础概念。

1.1 并行计算的基本概念

如果你写过程序，可能对计算机的基本结构很熟悉。保存着程序数据和文本的地址空间，我们称其为计算机的内存。术语"数据"指的是一组变量，它命名内存中的地址，并引用其中存储的值。计算机的控制单元从存储在内存中的程序加载指令，并执行这个单指令流中的操作来产生结果。这种简单的顺序计算机概念后来被称为冯·诺依曼体系结构，其可以追溯到 1945 年约翰·冯·诺依曼撰写的关于早期计算机设计的报告[14]。

所有的程序员都要学习如何编写适用于顺序计算机的程序。在最初，这就足够了。位于计算机核心的中央处理单元（CPU）能够提供市场所需的不断提高的性能增益。CPU 通过变得越来越复杂以解决限制性能的不同瓶颈来实现这一点。

让我们更详细地考虑 CPU。它由一个执行算术和逻辑运算的算术逻辑单元（ALU）以及一个管理数据和指令流的控制单元组成。现代 CPU 通过将指令分解为更小的微操作，并将其送入处理流水线从而在指令层面达到并行。由于控制单元跟踪微操作之间的依赖关系，因此它们可以并行执行，甚至可以不按顺序执行，却依旧能生成与原始顺序指令流相同的结果。这种并行形式的结果被称为超标量执行。幸运的是，超标量执行是由 CPU 代表程序员对指令进行管理，而程序员仍以单一的、顺序的指令流来思考。随着面向大众市场的商用成品 CPU 的兴起，在摩尔定律经济趋势的引领下，晶体管密度每两年翻一番，其性能也随之提升。除了最激进的超级计算应用外，几乎没有理由担心会超出顺序计算模型的能力。

硬件趋势的残酷现实

摩尔定律指出，每隔两年左右，半导体器件（或称"芯片"）上的晶体管数量将会翻倍。这是对经济趋势的预测，而不是物理定律。摩尔定律可追溯到 1965 年，直到 2004 年，芯片的处理速度不断提高。蚀刻在芯片上的工艺制程变得越来越小，切换晶体管状态所需的能量（动能）下降了。这被称为丹纳德微缩定律[3]，其指出芯片的制程变小时，电压会降低，芯片能以更高的频率驱动。

2004 年左右，摩尔定律不再提供更高的时钟速度。开关晶体管所需的能耗持续降低，漏电和其他静态能耗的需求并没有减少。最终，它们主导了驱动芯片所需的能耗，丹纳德微缩定律终结。尽管摩尔定律在继续缩小晶体管的尺寸，然而，随着丹纳德微缩定律的结束，增加晶体管数量的好处只能来自体系结构创新。这意味着更多的内核、更宽的向量单元、特殊用途的加速器等。

从硬件的角度来看，这是很好的。在后丹纳德微缩时代，硬件工程师乐趣更多，受苦的是软件界。硬件工程师把越来越复杂的东西扔给软件开发者，关心性能的程序员别无选择，他们必须面对这个残酷的硬件现实，并解决如何为这些并行、异构设备编写程序的问题。

这一切在 2004 年前后发生了变化。正如方框中所解释的那样，关心性能的软件开发人员别无选择，不得不编写并行代码。并行编程不是可有可无的，而应该是每个软件专业人员技能的一部分。

1.2 并发性的兴起

要理解并行计算，我们必须从与之密切相关的概念"并发性"（concurrency）开始。如果来自任何一个流的单个指令与来自其他流的指令相比是无序的，则这两个或多个指令流就被称为是并发的[7]。

这一点最好用一个简单的例子来解释。使用你喜欢的编辑器，输入图 1-1 中的代码。不要担心这段代码中 pragma 的含义，我们将在后面讲解它。

```
1  #include <stdio.h>
2  #include <omp.h>        // The OpenMP include file
3
4  int main()
5  {
6     #pragma omp parallel
7     {
8        printf(" Hello ");
9        printf(" World \n");
10    }
11 }
```

图 1-1　一个简单的"Hello World"C 程序，演示并发执行

使用支持 OpenMP 的编译器（如 GCC）编译这段代码。为了使编译器能够识别 OpenMP 指令，必须设置一个（编译器依赖的）标志。例如，使用 GCC 时，必须使用 -fopenmp 选项告诉编译器用 OpenMP 创建一个多线程程序。然后像运行其他可执行文件一样运行这个程序。

```
$ gcc -fopenmp hello.c
$ ./a.out
```

系统会给出默认的线程数，如果在现在典型的笔记本电脑上运行，将会有 4 个左右的线程（核的数量可以通过操作系统看到）。以串行编程的思路，你可能会期望程序的输出为：

```
Hello World
Hello World
Hello World
Hello World
```

但是，这四个线程是并发执行的。每个线程执行的指令相对于其他线程是无序的。每个线程中的 printf 语句遵循程序定义的顺序，但在不同线程之间，它们没有指定的顺序。所以输出的结果可能是这样的：

```
Hello Hello World
World
Hello   World
Hello   World
```

此外，每次运行程序输出的结果可能不一样。由于线程是并发的，所以每次操作系统调度线程执行时，输出操作的顺序可能会改变。另一种思考方式是，每一种合法的交错语

句方式为程序定义了一种可能的执行顺序。作为一个并行程序员，你的挑战是确保所有可能的交错都能产生正确的结果。

现在已经运行了第一个多线程程序，看到的是可用的线程都并发执行。让我们引入对并行性或"并行执行"概念的讨论。如果一组并发线程在不同的处理单元上执行，它们是同步推进的，这被称为并行执行。并发性定义了操作可以以任何顺序执行（即它们是无序的）。并行性使用多个硬件元件以使操作在同一时间运行。请注意，并发和并行具有不同的含义。尽管偶尔你可能会注意到这些术语被混淆，代表相同的意思，但这是不正确的。通过硬件的并行执行，允许同时执行并发任务。

1.3 并行硬件

随着丹纳德微缩定律的终结，计算机设计的重点从强调不断提高的时钟速度转移到利用并行性的巧妙架构特性上。这导致了各类系统的出现：分布式内存集群、可编程 GPU、从单一指令流驱动多个数据元素的向量单元（SIMD 或"单指令多数据"）和多处理器计算机。OpenMP 对除分布式内存集群外的上述系统都有效。

1.3.1 多处理器系统

OpenMP 从关注多处理器系统开始。对于大多数 OpenMP 程序员来说，这些系统仍然是他们编写 OpenMP 程序时最关心的问题。一个多处理器计算机由多个处理器组成，它们可能共享同一个地址空间。处理器可用的内存是共享的，因此这就是它们通常被称为共享内存计算机的原因。为了理解多处理器系统，我们使用一个基本模型突出系统的核心元件，同时隐藏了被认为不那么重要的细节。对于多处理器系统，我们首先使用的模型是对称多处理器（SMP）模型，如图 1-2 所示。

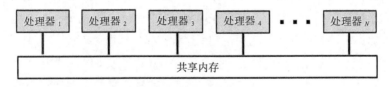

图 1-2 一个由 N 个处理器组成的对称多处理器计算机，共享一个内存区域

一个 SMP 有 N 个处理器，共享一个内存。硬件由操作系统（OS）管理，操作系统对所有处理器一视同仁。此外，对于任何处理器来说，访问内存中任何变量的成本都是一样的。换句话说，从操作系统和内存的角度来看，这个模型中的处理器是"对称"的。

SMP 模型被过度简化了。你不可能遇到一个看起来像 SMP 系统的计算机。让我们更详细地考虑现代处理器。CPU 是一个通用处理器，位于计算机的单个插槽中。它被优化为快速地提供单个事件的结果，即 CPU 被优化为低延迟。现代 CPU 是一种多处理器计算机，多个被称为核的不同的处理器放在一个硅片上封装成一个多核 CPU。图 1-3 中展示的是多核 CPU 的示意图。

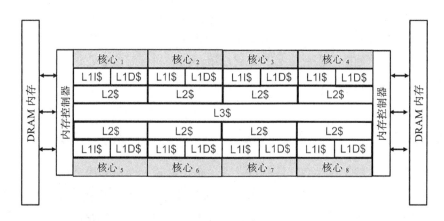

图 1-3　一个典型的有 8 个核的多核 CPU，每个核都有用于数据（L1D$）和指令（L1I$）的一级缓存、统一的二级缓存（L2$）和共享的三级缓存（L3$）。该 CPU 有两个内存控制器，每个控制器有三个通道，用于访问片外内存（DRAM）

多核系统的内存远比 SMP 系统的要复杂得多。所有的处理器共享可当作单一地址空间的内存。DRAM（动态随机存取存储器）为计算机中内存的具体实现，其比芯片内的核慢得多。因此，现代 CPU 包括紧密集成在核上的高速内存小区域，称为缓存。

缓存不是作为一个独立的地址空间来访问的。缓存中的存储空间被映射到 DRAM 中的地址上。这种映射的细节远超出了本书的范围，对于我们来说，把高速缓存看作进入 DRAM 中更大内存的一个高速窗口就可以了。缓存和 DRAM 之间的映射是以被称为缓存行的小分块形式进行的。一个典型的高速缓存行只有 64 个字节（即足够容纳 8 个双精度浮点数的空间）。将缓存组织成缓存行的原因是，在许多程序中，如果一条指令需要一个地址 N 处的值，下一条指令很可能将访问地址 $N+1$ 处的值。利用这种空间局部性可以大大提升性能。

在现代系统中，内存是分级的。考虑一个典型的多核 CPU，如图 1-3 所示。每个处理器旁边都有一个直接相邻的小的缓存，分别用来存放程序的数据和指令。这些被称为一级缓存，包含 L1D$（数据）和 L1I$（指令）缓存，它们离核最近。每个核心都有一个二级缓存（L2$）存放数据和程序指令，因此这被称为统一缓存。最后，CPU 中的所有核可以共享一个额外的缓存，即三级缓存或 L3$。缓存的体积很小。对于一个典型的高端 CPU 来说，这些高速缓存的大小⊖是：

───────────────────

　⊖　一个字节是 8 个二进制位或比特。2^{10}B 是一个 KB 或 1024 个比特。一兆字节是 1024KB 或 1048576 个比特。

❑ 每核 32KB 的 L1 级数据缓存

❑ 每核 32KB 的 L1 级指令缓存

❑ 统一的（保存数据和指令的）每核 256KB 的 L2 级高速缓存

❑ 核心之间共享 MB 量级的 L3 级高速缓存

在程序执行过程中，缓存行在内存层级结构中不断移动。多个核在任何时间可能访问任何一个缓存行，这就存在内存访问冲突的隐患。内置于 CPU 中的高速缓存一致性协议管理所有这些高速缓存行，以确保最终所有核都能在内存中看到相同的值。这里的关键词是"最终"，即在任何给定的时刻，核有可能看到任何给定地址的不同值。访问内存中的共享地址时，用于管控不同核可能看到的值的一组规则称为内存模型。我们将在本书后面的部分详细讨论内存模型。

SMP 模型的一个关键方面是，每个处理器对于访问内存中的任何地址都有相同的成本。即使粗略地看一眼图 1-3 中的多核芯片也会发现情况并非如此。访问内存中一个值所需的时间取决于该值在内存层级结构中的位置。考虑从内存中访问一个值所需的时间，即内存访问延迟。使用典型的高端 CPU 的各级延迟值，这些值在整个内存层级结构中的范围如下：

❑ L1 缓存延迟 = 4 个周期

❑ L2 缓存延迟 = 12 个周期

❑ L3 缓存延迟 = 42 个周期

❑ DRAM 访问延迟 = 约 250 个周期

因此，与其说内存系统具有均匀的内存访问时间，不如说系统具有非均匀的内存架构（NUMA），即现代多处理器系统不是 SMP，而是 NUMA 系统。它甚至比图 1-3 中多核 CPU 所展示的还要糟糕。高端服务器，尤其是 HPC 系统中使用的服务器，经常将多个 CPU 连接成一个大型的 NUMA 集群。例如，我们在图 1-4 中展示了一个用于 HPC 系统的通过高速点对点互连的 4 个 CPU 的服务器典型框图。集群中的每个 CPU 都有自己的内存控制器和 DRAM 块。4-CPU 集群中的所有内存都被组织在单一（共享）的地址空间中，并且系统中的任何核都可以访问。在此不赘述详细的时序，不难看出，当核访问映射到自己芯片的 DRAM 的缓存行，或访问与系统中其他一些芯片相关联的 DRAM 存储体的缓存行时，它们的访问内存成本会有很大的差异。

并行硬件可能非常混乱。幸运的是，随着可以根据需要移动高速缓存行的高速缓存一致性协议以及现代优化编译器的出现，可以在编写代码时摆脱 SMP 模型的束缚。作为以后的优化步骤，可以利用个人系统的 NUMA 特性修改程序。这包括直接的优化，如重新组织循环以提高缓存行数据的重用（缓存阻塞），以及更复杂的优化，如在以后可能会处理该数据的同一核上初始化数据。我们将在本书后面的部分讨论这些和其他相关的优化。

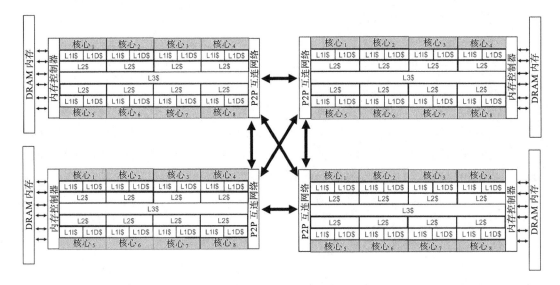

图 1-4　4 个 CPU 通过点对点（P2P）连接的 NUMA 系统。所有的 DRAM 都可以被所有的核访问，这意味着访问不同内存区域的成本在整个系统中差别很大

1.3.2　图形处理单元

计算机图形学的核心问题是为一个场景选用合适的模型，并将其转化为像素呈现给（通常是人类）视觉处理系统。利用计算机科学、物理学、数学和心理学的组合，所产生的图像将向观众传达信息。图形学中的处理方式一般为数据并行的：一个场景被分解成几何图形，这些图形又被进一步转化为分片的集合。这些分片流经处理流水线后被渲染成一组像素显示在屏幕上。我们大大简化了这个过程，但总的处理流水线由以下几个阶段组成：

- ❑ 遍历每一个 3D 对象，用多边形平铺可见表面。
- ❑ 遍历每一个多边形，分解成三角形。
- ❑ 遍历每一个三角形，计算遍历组成三角形的每一个像素点的颜色。

这里的关键思想是遍历每一个（foreach），后面跟着某种集合的名称（例如，多边形的集合或三角形的集合）。该函数（例如，分解成三角形）被应用于集合（例如，多边形集合）的每个成员。集合中每个成员的计算是独立的并且可以同时进行，即并行是在数据中进行的（因此称为数据级并行）。

支持某种版本的图形流水线的专用硬件可以追溯到 20 世纪 70 年代。随着时间的推移，对一组对象的 foreach 成员进行的处理变得更加复杂。相较于在硬件中固定该功能，能够对这些单元进行编程变得更加重要。渐渐地，用于图形的硬件不再是"硬件专用"，而是变得越来越可编程。

2006 年，市场上出现了完全可编程的 GPU。涉及 GPGPU 或通用 GPU 编程的 GPU 厂商提供了应用程序接口（API）。GPGPU 的发展速度很快。在 GPGPU 设备首次出现在市场上两年后，一种名为 OpenCL[11] 的 GPGPU 编程标准编程语言发布。这些基于标准的解决方案（OpenCL 和 OpenMP）和专有解决方案已经得到了快速的发展，使得 GPGPU 编程成为性能导向型程序员的主流技能。

显然，详细讨论 GPU 以及如何对其进行编程已经远超出了一本关于学习 OpenMP 的书的范围。然而，我们想描述一下 GPGPU 编程的关键特性，帮你全面了解并行编程的基础知识。然后在后面的 12.3 节中，我们将重新讨论这个话题，并讨论如何使用 OpenMP 进行 GPGPU 编程。

区分 GPGPU 与 CPU 编程的最根本问题是吞吐量与延迟。当一个帧流显示在显示器上时，你并不关心更新一个像素点需要多长时间。你关心的只是整个帧的生成速度，即它们的生成速度是否足够快到使视频看起来流畅。换句话说，你关心的是在屏幕上移动的帧的吞吐量。与提交给电脑的命令的响应相比，如果在屏幕上的某一点上点击鼠标，你希望得到立即的响应。你关心的是单个计算的延迟。

大量的电路被使用以维持通用处理器的低延迟要求。例如，CPU 包括高速缓存层级结构，专门用于将内存放置在与之共同工作的处理元件附近。GPU 针对吞吐量进行优化。晶体管被设计为将许多处理元件集成到一个芯片上。该芯片的内存系统支持高吞吐量，但它缺乏类似 CPU 用以支持低延迟的复杂多级缓存。

吞吐量优化的 GPU 编程模型的基本思想是将 foreach 语句的索引范围变成索引空间。foreach 语句的主体被转化为称为核的函数。核的实例在索引空间（一个 NDRange 或网格）中的每一个点运行。我们称这个核实例为工作项（work-item）。数据被对齐到同一个 NDRange 上，所以我们将数据放置在靠近工作项的地方，处理元件将对其进行操作。

为了使 GPU 成为一个专门的吞吐量引擎，GPU 内置的调度器知道核函数所需要的数据。工作项被分组到工作组（work-groups）中，工作组在它的数据可用之前等待执行。如果工作组比处理元件多得多，它们会排队等待。在等待数据流过系统时，有很多工作可以让处理元件保持忙碌状态。这是延迟隐藏的一个例子，即将内存移动与计算重叠，这样就不会产生访问单个内存块的高成本。

当与针对高带宽进行优化的内存系统相结合时，GPU 可以为数据并行工作负载提供高吞吐量。它们并不能处理所有的工作负载。如果工作项需要交互，编程就会变得更加复杂，在某些时候，基于用工作组的深度队列来隐藏内存延迟的方法会崩溃。通过大量的创新，各种各样的算法被映射到 GPGPU 数据并行计算模型上。正如我们将在 12.3 节中所看到的，你可以在 OpenMP 中实现所有这些。

1.3.3 分布式内存集群

在科学计算中，给定一个大小为 N 的问题，在该科学领域工作的人很可能想运行一个大小为 $10 \times N$ 或更大的问题。在科学探究的顶端，人们似乎对更多更大的计算量有着无法满足的需求。这意味着单个处理器——无论是 CPU 还是 GPU——始终无法跟上需求。

将多个处理器集成到单一存储器域中是可能的。例如，图 1-4 中的 NUMA 系统就做到了这一点。创建一个 NUMA 系统需要专门的硬件工程，而且非常昂贵。随着对计算需求的增多，NUMA 系统也将难以应对。

解决方案是限制 NUMA 系统的不断推进。取而代之的是，把标准化的现成服务器联网成一个大型系统，建造成大规模数据中心。然后用软件将它们捆绑在一起，成为大型并行计算机。像这样用现成的组件构建的计算机被称作集群（也称机群，cluster）。只要能支付运行集群的电费，并有一个足够大的建筑来容纳它们，集群就可以达到想要的规模并支持真正不可思议的计算速率。

集群作为一种并行计算机，与我们迄今为止所考虑到的共享内存系统有很大的不同。集群中的服务器位于集群网络中的节点上。当节点专门用于密集计算时，也许是通过将一个 GPU 与一个高端 CPU 配对，或者将多个 CPU 组合成一个 NUMA 域，它们有时被称为计算节点，以区别于为更典型的数据中心操作而优化的节点（有时称为服务器节点）。节点间不共享物理内存，因此内存分布在系统周围。节点之间通过相互传递消息进行交互。关键的思想是"双向"通信，即一个节点向另一个节点发送命令并接收返回的消息。用于在分布式内存机器（如集群）上编程的标准 API 称为消息传递接口（MPI）。更高级的分布式内存机器的编程系统是基于单向通信、分区全局地址空间（PGAS）和 map-reduce 框架的。然而，对于 HPC 来说，无处不在的共同点是 MPI。

我们在本书中不会涉及 MPI。如果你在 HPC 领域工作，你将需要在某些时候学习 MPI。HPC 中的主流模型是节点间的 MPI 和节点内的 OpenMP，我们称之为 MPI/OpenMP 混合模型。即使使用高级 PGAS 语言或一些较新的任务驱动编程模型，它们背后的原理也是 MPI，即使不是 OpenMP，也是类似 OpenMP 的多线程模型。

1.4 多处理器计算机的并行软件

多处理器计算机已经有 50 多年的历史了。我们已经知道了如何组织软件来管理这些系统，这极大地简化了程序员的生活，因为关于如何组织这些系统的软件的共同观点可能适用于任何系统。

操作系统代表系统的用户（包括程序员）管理硬件。当启动一个程序时，操作系统会创建一个进程。与这个进程相关联的是一块内存区域和对系统资源的访问权（例如，文件系统）。一个进程会分叉为一个或多个线程，这些线程都是该进程的一部分。每个线程都有自己的内存块，但所有线程都共享进程的内存和进程可用的系统资源。这些线程代表该进程执行程序的指令。

操作系统对线程的执行进行调度。在一个系统中，线程比处理器多得多。基本的思想是让操作系统将并发线程交换执行。这样，如果一个线程在等待一些高延迟事件（如文件访问）时被阻塞，其他准备执行的线程就可以交换进来使用可用的处理器，目标是有效地利用多处理器计算机上的处理器，使没有一个处理器在相当长的时间内处于空闲状态。

API 是程序员在编写软件时可以使用的函数、数据类型和任何其他构件的接口，其目的是将系统中复杂的和潜在动态的功能隐藏在一个固定的 API 后面。操作系统提供了一个低级的 API 来管理线程。大多数操作系统，包括基于 Linux 的操作系统（其中包括苹果的 OSX），都支持名为 pthreads 的 IEEE POSIX 线程模型。与任何低级 API 一样，直接使用 pthreads 可以在处理线程时获得更低的开销和最大的灵活性。然而，直接使用 POSIX pthreads API 编写代码是很烦琐的，容易出错，而且不是大多数应用程序员愿意做的事情。例如，在图 1-5 中，展示了在图 1-1 中讨论的"Hello World"程序的 pthreads 版本。我们的目的不是教你如何使用 pthreads 写代码，而只是想突出 pthreads 编程的一些高层特性，并强调大多数程序员并不想这样写代码。

```
1  #include <pthread.h>
2  #include <stdio.h>
3  #include <stdlib.h>
4  #define NUM_THREADS 4
5
6  void *PrintHelloWorld(void *InputArg)
7  {
8      printf(" Hello ");
9      printf(" World \n");
10 }
11
12 int main()
13 {
14     pthread_t threads[NUM_THREADS];
15     int id;
16     pthread_attr_t attr;
17     pthread_attr_init(&attr);
18     pthread_attr_setdetachstate(&attr, PTHREAD_CREATE_JOINABLE);
19
20     for (id = 0; id < NUM_THREADS; id++) {
21         pthread_create(&threads[id], &attr, PrintHelloWorld, NULL);
22     }
23
24     for (id = 0; id < NUM_THREADS; id++){
25         pthread_join(threads[id], NULL);
26     }
27
28     pthread_attr_destroy(&attr);
29     pthread_exit(NULL);
30 }
```

图 1-5　一个使用 pthreads 的简单的"Hello World"C 程序

　　pthreads 编程的第一步是将在线程中执行的代码以函数的形式隔离出来。在本例中，这个函数是 `Print_HelloWorld(void *)`。在主函数内部，设置了一个数组来存放线程 ID，并设置了一个 pthreads 不透明的对象来存放线程的属性。然后，通过一个循环以创建我们想要的线程数量，并创建（即 "fork"）线程，传递一个指向每个线程应该运行的函数的指针。之后，程序等待每个线程完成，此时线程退出。实质上，执行与程序的主流程相接，一旦所有线程完成了接入，主程序就会清理 pthreads 对象并终止。

　　这是一个最简单的 pthreads 编程的例子。当把参数传递给线程，用额外的属性控制线程，并在线程之间有序地进行内存操作时，代码就变得复杂多了。当需要完全控制线程以最大限度地提高性能，或者管理线程与系统交互的所有方式时，那么或许只能在 pthreads 的层次上进行编码。然而，大多数程序员不能容忍在如此低的层次上进行编程，他们需要更高层次的抽象。

　　这也是引入 OpenMP 标准的一个主要原因。

　　对构建应用程序而不是操作系统或低级服务感兴趣的程序员来说，编码是基于高级模型进行的。关键是要选择一个很适合目标硬件的模型。请记住，硬件每隔几年就会更换一次，而一个好的应用程序会使用几十年。因此，在选择高级模型时，重要的是选择一个不与单一厂商的硬件挂钩的模型。一个所有相关厂商都支持的标准编程模型是必不可少的。例如，MPI、pthreads 和 OpenMP 可以从多个来源获得（包括开源实现），并能在所有主流平台上运行。

　　编程模型也必须与应用程序中的算法或基本设计模式相匹配。例如，OpenMP 能够很好地匹配围绕嵌套循环结构组织的程序和利用共享内存的任务级程序。而对于分布式内存架构和具有硬性实时约束的应用来说，它不是一个好的选择。

　　最后，编程模型是由规范定义的，但不能用规范来编译一个程序。需要一个编程环境，或者在 OpenMP 的情况下，需要支持该规范的编译器。对于编程环境来说，要花很多年的时间才能在不同的架构上完全支持一个新版本的编程模型规范，这是很常见的，也是令人沮丧的。由于有关键厂商的积极参与，OpenMP 在跟进新版本的标准方面做得很好。大多数情况下，在 OpenMP 规范的新版本发布后的一年内，就可以实现完全符合标准。

第 2 章 *Chapter 2*

性能语言

编写并行程序的原因只有两个：用较少的时间解决一个固定大小的问题，或者用合理的时间解决一个较大的问题。无论上述哪种情况都是为了提高性能。OpenMP 是一种用于编写并行程序的编程语言。在某种层面上，它总是要回到性能上。

性能是一个如此简单的词汇。然而，这个词隐藏着多层复杂性，并根据使用环境的不同而具有不同的含义。性能的原始评判标准是以时间为基础的，但即使是"时间"这个看似毫不含糊的概念也有细微的差别，如"CPU 时间"（CPU 频率乘以 CPU 在执行程序时消耗的周期数）与"墙钟时间"（由计算机外部时钟测量的时间，即"墙上"的时钟）。性能作为一个独立的数字很少有意义，我们通常将性能作为一种比较性的衡量标准来关注以突出性能趋势。

这种复杂性导致了丰富的性能语言。并行程序员谈论的是加速比、效率、可扩展性、并行开销、负载均衡以及一系列用于推理性能的概念。本章的目标是解释这些术语。

2.1 基础：FLOPS、加速比和并行效率

我们写一个并行程序来减少"求解时间"时，关心的是我们经历的时间，即墙钟时间。当我们把一个程序转换为并行程序时，墙钟时间应该减少。随着处理器的增加，墙钟时间应该继续减少直到硬件或算法所提供的潜在并行性耗尽。

我们可以用展示性能不同方面的方式来呈现计时数据。例如，如果用速率来表示性能，即墙钟走一秒所执行的计算次数，就可以立即将结果与计算机的峰值性能或通过算法得出的希望的理论性能值进行比较。

高性能计算（HPC）在很大程度上是以浮点数的运算为中心的。因此，我们经常以墙钟时间一秒钟内可以完成的浮点运算来考虑性能。这种衡量的单位叫作 FLOPS：每秒执行的浮点运算。可在 FLOPS 上加上相应的前缀，如 Mega（10^6）、Giga（10^9）、Tera（10^{12}）、Peta（10^{15}）等，使单位的使用更方便。除非另有说明，否则在谈论 FLOPS 时，默认的浮点类型是双精度。在大多数计算机系统上，双精度是一个 64 位的量。虽然 HPC 关注的是 FLOPS，但当从 HPC 常见的数值仿真进入更广泛的计算领域时，关注点有时会转移到每秒执行的操作（OPS）或每秒执行的指令（IPS），但大多数 OpenMP 程序员都是关注 FLOPS 的。

让我们来看看 FLOPS 的范围。在 20 世纪 80 年代末，当时最快的超级计算机中的一个处理单元（如 Cray 2）运行时的峰值性能为 500 MegaFLOPS（或 500 MFLOPS）。今天常见的 iPhone 运行 Linpack 1000⊖测试程序（一种用于跟踪 HPC 系统性能的基准）时，其性能超过 1200 MegaFLOPS。美国国家能源研究科学计算中心（NERSC）的 Cray XC40 超级计算机 Cori 系统在 2018 年以 14 PetaFLOPS 的速度运行 MPLinpack 基准，核心数量为 622 336 个（https://www.top500.org/system/178924）。到 21 世纪 20 年代早期，世界上最快的超级计算机应该会跨越 ExaFLOP 障碍（10^{18} FLOPS）。

用 FLOPS 表示的原始性能很有趣，但对并行程序员来说，这还不够。我们想知道程序对并行系统资源的利用情况。我们想衡量程序在增加处理器时运行速度有多快。我们想知道程序的加速比情况。

加速比是一个程序的运行时间的比率。理想情况下，在一个处理器上用可获得的最好的串行算法运行一个程序，然后用并行软件在 P 个处理器上再次运行它。如果我们将 T_s 定义为串行程序的运行时间，把 T_P 定义为在 P 个处理器上的并行程序的运行时间，那么加速比的定义为：

$$S(P) = \frac{T_s}{T_P}$$

并不总是能够运行优化的串行程序来测量 T_s。在许多情况下，我们实现了一个并行算法，却无法实现相应的串行算法。在这些情况下，可以用运行在一个处理器上的并行程序的时间 T_1 来代替 T_s。在其他情况下，串行代码可能不适合放在单个处理器的内存中，因此我们可以只与运行在最小数量处理器上的并行程序进行比较。由于加速比的定义存在这种潜在的歧义，因此在报告加速比时，定义要比较的参考"串行执行"很重要。

⊖ Linpack 基准求解了一个稠密系统的线性方程组：著名的 $Ax = b$ 问题。我们曾经为固定阶数的矩阵（如 Linpack 1000）运行该基准，但现在人们用与自己的机器匹配的最大的问题规模运行该基准，即 MPLinpack 基准。

　　在理想的情况下，加速比等于处理器的数量。如果把处理器的数量增加一倍，性能就应该增加一倍。当一个程序遵循这种加速比趋势时，我们称它具有"完美线性加速比"。我们用一个被称为并行效率的指标，来衡量可缩放的加速比与完美线性加速比的接近程度。

$$\text{eff} = \frac{S(P)}{P}$$

　　我们在图 2-1 中展示了加速比和效率与处理器数量（在本例中，HPC 集群单个节点中的核）的函数关系。这个程序（octo-tiger：一个使用快速多极子算法进行引力场模拟的程序）使用了一个名为 HPX 的任务驱动系统[5]，并显示出了极好的加速。请注意，对于处理器数量较多（如图 2-1），我们经常对水平轴和垂直轴使用对数标尺。

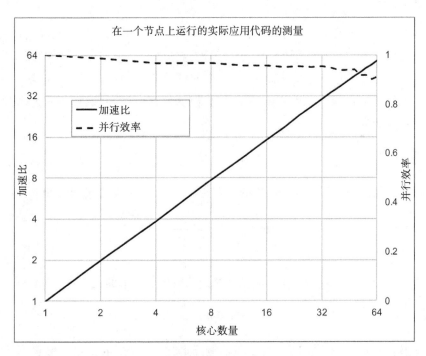

图 2-1　加速比和效率与核心数量的函数关系。对于集群中单个节点的性能测量，X 轴和 Y 轴使用以 2 为底的对数，相应的并行效率使用对数线性标尺。相关的应用是用 HPX 任务驱动编程模型并行化的快速多极代码 octo-tiger。节点为运行频率为 1.4GHz 的 Intel Xeon Phi7250 68C 处理器

　　加速比对于理解并行算法以及它如何随着处理器数量的增加而扩展是很重要的。但千万不要忽视，最终的目标是减少处理问题的时间。高性能计算中最古老的"骗术"之一就是选择一个慢的算法，而这个算法恰好有很低的串行比例。它会显示出极好的加速比，

但如果开始使用的算法很差,那么巨大的加速比其实是在误导你,掩盖了解决方案本质上的低质量。因此,请测量加速比,并了解算法的扩展性。然而,始终要花时间确保你使用的是一个好的(即使不是最优的,也应是快速的)算法,以减少计算的整体运行时间。

2.2 阿姆达尔定律

正如我们所看到的,并行计算的一个核心问题是了解性能如何随着处理器数量的增加而提升。如果我们增加处理元件的数量,性能是否会无限制地提高?这个问题由 Gene Amdahl 在 1967 年的一篇论文 [1] 中进行了论述,那时正是并行计算机刚出现的时候。他的目标是限制人们对通过组合许多较小的处理器来构建大型计算机这一想法的热情。这导致了一个一般原则,我们称之为阿姆达尔定律。

为了推导出阿姆达尔定律,我们从一个基本的简化开始。假设一个程序有一个占比为 α 的工作,这部分基本上是串行的。对于程序的这一部分,增加处理元件时,它不会运行得更快。我们称 α 为串行比例。如果 α 是一个问题的串行比例,那么 $1-\alpha$ 就是并行比例。令串行代码的运行时间为 T_s,则使用 P 个处理器的并行代码的运行时间为 T_p。在这个模型中,并行运行时间为:

$$T_p = \alpha \times T_s + (1-\alpha) \times \frac{T_s}{P}$$

执行可并行部分代码的时间减少为原来的 $1/P$ 倍。加速比可由以下式子给出:

$$\text{Speedup} = \frac{T_s}{T_p} = \frac{1}{\alpha + \frac{(1-\alpha)}{P}}$$

当 P 趋近无穷大时,并行项接近零,阿姆达尔定律就剩下如下的式子:

$$\text{Speedup} = \frac{1}{\alpha}$$

例如,如果算法可以为程序提速 95%,那么串行比例为 0.05,在处理器数量不受限制的情况下,能达到的最佳加速比为 20。

把加速比的变化看作 P 的函数。在图 2-2 中,我们展示了不同并行比例的最大可能的加速比。根据阿姆达尔定律,如果只有 90% 的代码可以并行化,那么串行比例就是 10%,无论使用多少处理器,都不可能做到比 10 更好的加速比。代码的串行比例的影响和它不能从额外的处理器中获益的事实在我们达到 10 的极限之前就已经降低了加速比。作为一个好的经验法则,良好的扩展性要求串行比例比阿姆达尔定律所建议的极限小一个数量级。

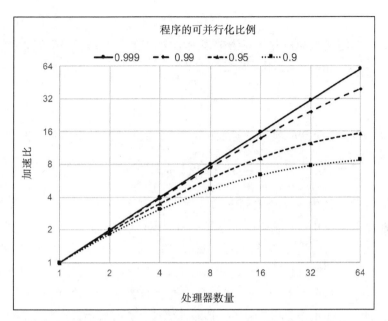

图 2-2　对于程序的可并行化比例的不同值，加速比与处理器数量的函数关系。我们绘制
了加速比的对数与处理器数量的对数之间的曲线，请注意，当程序可并行化比例从
0.999 降到 0.9 时，加速比下降得很快

2.3　并行开销

　　由于算法的限制，阿姆达尔定律限制了并行的收益。如果算法中的某些部分不能利用
多个处理器，那么额外的处理器将无济于事。这是并行程序员必须努力解决的一个严重的
限制。不幸的是，这个问题比阿姆达尔定律提出的问题更严重。除去算法中串行比例的影
响之外，还有并行开销的问题。

　　并行开销是指管理并行应用程序中的线程所花费的时间。例如，在本书的后面，我
们将学习大量关于线程协调执行的方式。它们被创建、销毁，有时它们会在开始执行时
等待其他线程完成一个动作。对于程序的运行时间而言，这就多浪费了一些时间，或者
我们说它给程序的执行增加了开销。在这种情况下，这种开销会随着线程数量的增加而
增加。

　　我们已经提到了管理线程的开销。其他引起开销的原因来自管理数据。如果数据必须
分布在处理器之间，当处理器的数量增加时，它们之间的数据移动也会增加。内存速度和
网络速度远远低于处理器的速度，因此数据移动会迅速增长并失去了并行处理的好处。对
于分布式内存集群来说，这种数据移动开销要大得多，而这些数据移动效应也会影响共享

内存计算机。

我们可以非常粗略地模拟并行开销带来的影响，通过向并行程序运行时间方程中加入一个并行开销项。按如下的阿姆达尔定律：

$$T_p = \alpha \times T_s + (1-\alpha) \times \frac{T_s}{P}$$

将并行开销作为一个新的项，得到如下的公式，其随着处理器数量 P 的增加而增加：

$$T_p = (\alpha + \gamma \times P) \times T_s + (1-\alpha) \times \frac{T_s}{P}$$

其中，我们将开销建模为一个按 P 缩放的小常数 γ，并行开销的结果是如图 2-3 中的加速比曲线。加速比迅速攀升，并且总体上增长受制于串行比例（如阿姆达尔定律所预测）。随着处理器的增加，并行开销会增长，最终以比阿姆达尔定律限制所建议的更极端的速度将这个数字向下拉。有时能够创建并行开销很小且串行比例极小的程序。这些情况会导致如图 2-1 所示的加速比曲线。然而，更多的时候，曲线会更像图 2-3 中的曲线。有经验的程序员会预料到这种形状，并会进行仔细的可扩展性研究，来看看加速比曲线在什么地方下降，以确保他们了解其并行程序可扩展性的极限。

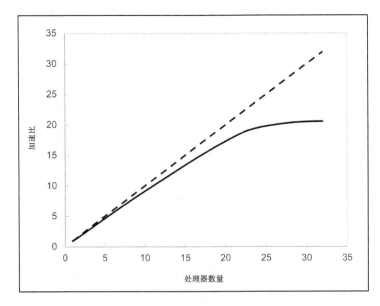

图 2-3 加速比作为带有并行开销项的处理器数量的函数。我们使用线性标尺来表示加速比，用对数标尺来表示处理器数量。虚线是我们预期的完美线性加速比线。它是为了理解观察到的加速比数据而提供一个可视化的参考。实线是一个并行比例为 0.995，并行开销项为 0.0005 的情况下的加速比曲线

2.4　强扩展与弱扩展

到目前为止，在本章中，我们已经考虑了对于一个固定规模的问题，性能是如何随着处理器数量的增加而变化的。这被称为强扩展。由于问题大小是固定的，所以随着处理器数量的增加，每个处理器要处理的数据量就会减少。最终随着处理器数量的不断增加，将可能没有足够的工作量使额外的处理器保持忙碌状态。

强扩展难以持续。这也是阿姆达尔在发表以他名字命名的定律时提出的关键点之一。然而，对于如何使用并行计算机这件事，这也许是一种过于悲观的思考方式。在许多问题领域，如果选择一个大小为 N 的问题，该领域的专家可以展示一个更有趣的大小为 $2N$ 或更大的问题。换句话说，基于问题域的需求，通常有很好的理由让问题的大小增长。

为什么要这样做呢？让我们回到当问题的执行中有一些部分是串行的时候，对加速比的分析。如果这个串行比例 α 不是常数会怎样？如果它是问题大小 N 的递减函数呢？这意味着加速比现在是 P 和 N 的函数。

$$\text{Speedup}(P, N) = \frac{T_s}{T_p} = \frac{T_s}{\alpha(N) + \dfrac{(1 - \alpha(N))}{P} T_s}$$

如果在 N 足够大（N_{large}）的情况下，串行比例接近零，我们得到

$$\text{Speedup}(P, N_{\text{large}}) = P$$

事实证明，对于很多问题来说，$\alpha(N)$ 确实是 N 的递减函数。例如，在很多密集的线性代数问题中，工作规模为 N^3，其中 N 是问题中矩阵的阶数。如果串行比例来自起初设置的矩阵，那就会随着大小为 N^2 矩阵的大小而缩放。对于足够大的 N，$O(N^3)$ 的工作项远超过了 $O(N^2)$ 的任何项，所以我们可以忽略基于串行比例的项的影响。

这导致了在可扩展性研究中，每个处理器的工作量是固定的。随着处理器的增加，整个问题的大小也在增加。这就是所谓的弱扩展。如果每个处理器的问题大小是固定的并且并行开销可以忽略不计，那么理想弱扩展问题的时间是固定的。换句话说，对于弱扩展，把运行时间作为处理器数量的函数，绘制出来所得到的曲线，理想情况下应该是平坦的。

2.5　负载均衡

我们可以把程序定义的工作看作是程序所执行的全部操作。当我们创建一个并行版本的程序时，我们将工作分成若干块，并将这些块分配给线程去执行。如果有多个处理器使线程可以同时执行，我们就会以并行的方式进行工作以减少程序的整体执行时间。

当一个并行程序的最后一个线程完成时，它才算完成。这是一个需要理解的重要观点，所以

我们将重复这一点，但方式略有不同：最慢的线程决定了所有线程何时完成。假设现在所有的处理器都以同样的速度运行，并且假设我们现在运行在一台 SMP 机器上，所以我们可以忽略访问不同区域内存的成本差异，那么当一个线程比其他线程有更多的工作要做时，它就是"慢"的。

因此，我们设计一个并行程序的目标是让所有线程在同一时间完成，这意味着我们希望它们都有相同的工作量。如果把工作看成是给线程施加负载，我们说作为算法设计者的工作就是"均衡线程之间的负载"。

在学习并行编程的过程中，我们将花费大量的时间来讨论负载均衡。我们现在将阐述这个主题的大致观点，而把细节留到以后再讨论。我们对负载均衡的选择定义了四种不同的情况。我们将它们分为两对对立项：

❑ 显式与自动：是由程序员计算出一个固定的公式来生成负载均衡，还是在计算过程中自动出现负载均衡？

❑ 静态与动态：工作的分解和安排执行的方式在编译时是固定的吗？还是在程序运行时动态发生的？

我们将定义负载均衡的四种案例，并为每种案例举一个简单的例子。然而，我们并不打算太深入地赘述这个主题。我们希望在本章中为这个重要的话题打下基础，但真正的学习将在后续，在 OpenMP 程序中应用这些概念时开始。

案例 1，显式、静态：程序员根据程序中的逻辑来定义分块。这些表达式在编译时是固定的。因此随着程序的运行，它调整负载均衡方式的能力有限。例如，程序员可能有四个线程，并将工作分解到四个挑选出来的块中，这样工作在每个线程上需要的时间就差不多。然后给每个线程分配一个块，实现有效负载。

案例 2，显式、动态：程序员在代码中写下了决定工作分配方式的逻辑，但当程序运行时，它时常暂停，并重新审视该逻辑以动态地重新分配负载。这种情况会发生在引力模拟中，鉴于系统会不断发展，一些区域会变得更多，而另一些区域则会变得更少。这就需要在运行时调整区域映射到线程的方式（因此这被认为是动态的）。

案例 3、自动、动态：程序创建了一系列的块，并把它们放在一个队列中。线程抓取一个工作块，完成它，然后回到队列中进行更多的工作。工作在各线程之间是动态平衡的，但是程序员不需要决定哪个线程得到了多少分块。这种方法对于工作高度可变和不可预测的问题很有价值。在处理器需要以不同速度运行线程时也很有价值（例如，在一个集群中，有些节点是新的，而其他节点则落后一两代）。在这种情况下，速度较快的处理器就会自然而然地比速度较慢的处理器承担更多的工作。

案例 4，自动、静态：静态负载均衡策略的本质是在工作开始之前，工作的分布就已经固定了。在工作依赖于输入数据集，但系统的性质却得益于静态工作分配的问题中，有时让一个进程在运行时检查计算，以确定一个由线程集合使用的静态调度是很有利的。例如，通常的做法是，当在 GPU 上解决稀疏线性代数问题时，对于这些问题来说，了解数组中非零元素的分布以及计算过程中的填充模式是至关重要的。

我们在探索 OpenMP 的过程中会反复遇到这些情况，尤其是案例 1（显式、静态）和案例 3（自动、动态）。

2.6 用 roofline 模型理解硬件

加速比曲线描述了并行程序中随着处理器数量增加而出现的趋势。然而，当考虑性能时，最终需要了解相对于硬件提供的原始性能的性能。与其研究性能如何随着处理器数量的增加而变化，不如考虑计算的绝对速度，以及在给定的算法和硬件细节的情况下是否可以接受。

为了探讨这些问题，我们使用了一个 roofline 模型[16]。roofline 模型是一种可视化工具，用于帮助理解计算机系统相对于特定算法特性的局限性。在模型中，你可以绘制性能与算术强度的关系。

❑ 算术强度是指程序执行的浮点运算次数（Flops）与支持这些运算所需的数据移动的比率。

❑ 性能用一个比率来表示：每秒浮点运算（FLOPS）。当计算的速率以内存移动为主时，性能就会受到内存带宽的约束，绘制的速率就变成了每秒移动的浮点数。

理想情况下，可以为正在使用的特定系统和算法构建一个 roofline 模型。基于系统的峰值性能来构建的通用 roofline 图是很有效的。我们在图 2-4 中展示了一个典型的通用模型。

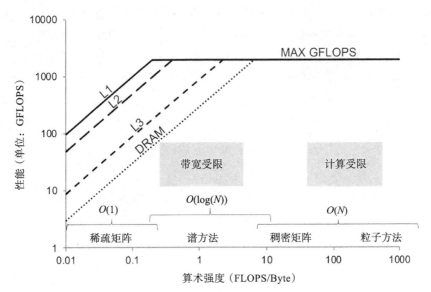

图 2-4 具有三级缓存和 DRAM 内存的系统的 roofline 性能模型。线条显示了不同的性能的极限值，上方的水平线是受浮点运算限制的程序的性能上限，向左下倾斜的斜线显示的是受内存层次结构中不同级别限制的程序的性能界限

具有高算术强度的算法（如密集矩阵上的线性代数和粒子方法中的短程力），从内存中访问的每一个字节都要进行大量的计算，以至于它们受到系统峰值浮点性能（最大 GigaFLOPS）的限制。这些计算是有计算约束的。在 roofline 图中为最大 GigaFLOPS 使用适当的值很重要。该值必须与被研究的计算中使用的精度（例如，半精度、单精度或双精度）和主导计算的运算（例如，标量或向量运算或更复杂的运算，如融合乘加）的精度相匹配。

另一个极端是低算术强度的问题，它受到数据在内存层次结构中移动的约束。我们用每秒移动的浮点数来表示存储器层次结构中不同层级的性能。当我们从 L1 到 L2 再到 L3 再到内存（DRAM）时，内存的大小会增加，但带宽会减少。如果问题被分解成适合 L1 缓存的块，并且内存移动到 L1 与计算重叠，那么性能就会受到 L1 带宽的约束。如果 L1 的重用性很差，我们就会下移到 L2 甚至是 L3 缓存。同样主要取决于计算能分解成适合缓存的块的程度。在最坏的情况下，对于带宽约束的计算，性能受限于主内存（DRAM）的数据移动速度。

基于 FFT 和频谱方法的计算属于中等算术强度。如果有正确的缓存管理，它们可以在系统的峰值浮点性能附近运行。但更典型的是，它们最终会在一定程度上受到内存层次结构的限制。

roofline 图的构建是基于系统特点的。评估算法以估计其算术强度，然后测量观察到的性能，看看在 roofline 图上的位置。如果达到了 roofline 图的那个区域可用的峰值性能，你知道已经完成了，且额外的优化工作不太可能得到回报。然而，如果性能远远低于峰值，那么 roofline 图表明，研究不同的方法来重组计算以提高性能是有意义的。roofline 图也可以用来提示可能需要改变算法的地方。如果算术强度处于倾斜的内存约束线之下，是否可以改变算法来增加算术强度以直接进入 roofline 图的更高性能区域？从本质上讲，目标是利用 roofline 模型引导一条优化路径，让代表你的性能的"图上的点"向上、向右移动。

第 3 章 *Chapter 3*

什么是 OpenMP

OpenMP 是一个用于编写并行程序的应用编程接口。虽然它一开始专注于 SMP 计算机的多线程程序，但经过多年的发展，它已经可以应对 NUMA 系统和 GPU 等外设。在本章中，我们将探讨 OpenMP 的历史，并讨论这个重要标准的高层结构。

3.1　OpenMP 的历史

20 世纪 80 年代，市场上出现了少量的共享内存计算机。为这些计算机编写应用程序的程序员很快就发现需要为这些系统提供一个可移植的 API。20 世纪 80 年代和 90 年代，人们为创建这样的 API 做了一些努力，但都失败了。

这些早期标准化工作的问题是，当时对共享内存计算机的关注度并不高。基于分布式内存的系统主导了超级计算领域。在这些系统中，有一个通信网络，计算机位于网络的节点上。每台计算机都有自己的内存，因此它们被称为分布式内存系统。如果这些分布式内存系统有共享的内存节点，则这些节点只需要几个处理器。这样，在每个节点上运行额外的分布式内存进程并完全忽略共享内存通常更容易。

1995 年年底，共享内存计算机的计算环境发生了变化。英特尔发布了一款在 SMP 配置中支持最多 4 个 CPU 的芯片组。这使得 SMP 计算机从 HPC 专用计算机进入主流市场。这也意味着，用于高性能计算的工作站 – 集群中的节点更有可能是具有更多 CPU 数量的 SMP 节点。也是在同一时间，SGI 收购了 Cray Research。这两家公司各自有对共享内存机器进行编程的方式。一旦它们成为一家公司，就只需要围绕着一个共享编程模型将两个产品线结合在一起。最后的关键因素来自应用程序员社区。社区中的人们在美国加速战略计算计划（ASCI）的领导下团结起来，共同推动厂商为 SMP 系统编程定义一个标准。

ASCI 应用程序员在 1996 年年底和 1997 年与主要的 HPC 厂商密切合作，定义了OpenMP，并在 1997 年 11 月发布了 1.0 版本。由于早期共享内存标准化工作的努力，并借鉴了自 20 世纪 80 年代以来少数共享内存系统厂商的经验，OpenMP 的基本设计很快就完成了。指导原则是：

- ❏ 标准化现有的实践，而不是建立一个研究议程。我们希望有一个 API，让厂商可以快速实现，而不需要经过一个漫长的研究过程。
- ❏ 支持可移植的、高效的、可理解的共享内存并行程序。
- ❏ 为 Fortran、C 和 C++ 提供一致的 API，这样程序员就可以轻松地在不同语言之间转换。
- ❏ 创建一个小型的 API，其规模足以表达重要的控制并行模式。
- ❏ 保证严格的向后兼容性，这样程序员就不需要重写代码来适应新版本的标准。
- ❏ 支持编写串行等效的代码，即在并行运行或作为串行程序运行时产生相同结果的代码。

在标准发布的一年内，所有主流的 HPC、共享内存厂商都提供了 OpenMP 编译器。应用程序员只需写一次代码，只需重新编译程序就可以从一台共享内存计算机转移到另一台计算机。以今天的标准来看，这似乎很平凡，但在 20 世纪 90 年代末 OpenMP 出现时，它是革命性的。

当创建 OpenMP 时，我们就知道它需要成为一种"活的"语言，可以随着硬件和算法的发展而发展。因此，我们创建了一个非营利性的公司来维护这个标准，保护它不被任何一个厂商不适当地操纵，并指导它的持续发展。这个组织被称为 OpenMP 架构审查委员会（ARB）。在 ARB 的领导下，不断产生新的规范版本。我们在图 3-1 中总结了发展情况，图中显示了规范的页数（忽略了前面的材料和附录）。

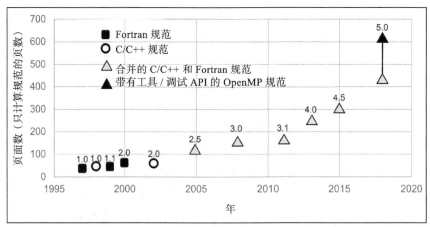

图 3-1　OpenMP 规范的页数随时间的变化。这些页数不包括前言和附录，它们只涵盖了规范中定义 OpenMP 的部分。对于 OpenMP 5.0，区分了单独的 API 的页数和包括新工具接口的页数

　　OpenMP 始于 1997 年 Fortran 的 1.0 版本。它的目标是基本的循环级并行，只需要 40 页就可以完全定义。我们继续在两个方向上完善和开发新功能：一个方向是 Fortran，另一个方向是 C/C++。这两个方向是"串行"的，因为是同样的人在研究 Fortran 和 C/C++ 规范。因此，如果在开发 Fortran 规范时发现了 OpenMP 中的一个问题，那么在 C/C++ 中可能要等上 3 到 4 年才能显示出所需的修改，因为必须在完成 Fortran 规范后才能将任何修改反映到 C/C++ 文档中。为了解决这个问题，我们把 C/C++ 和 Fortran 规范合并成一个文档。这就是 2005 年发布的 OpenMP 2.5，共有 117 页。

　　从 OpenMP 1.0 到 2.5，关注的焦点仍然是并行性，表现为在并行循环中使用线程。对于 2008 年发布的 151 页的 OpenMP 3.0，我们给 OpenMP 增加了任务。有了任务，就可以超越常规循环，考虑递归和其他不规则算法。

　　在 OpenMP 4.0（2013 年发布，共 248 页）中，增加了一个主机设备模型。利用这个模型，程序员可以通过优化的处理器（如 GPU）来表达数据并行的算法。这是对 OpenMP 先前技术的巨大突破，使我们进入了具有多地址空间的复杂系统世界。我们还在 OpenMP 4.0 中添加了一些方法来显式控制处理器在向量单元上的执行，即所谓的 SIMD（单指令多数据）并行（将在 12.2 节中详细讨论）。

　　2018 年 11 月，ARB 发布了 OpenMP 5.0。它有 600 多页，其中 437 页定义了 API，其余规定了一个新的工具接口。它扩展了 OpenMP 中任务的功能，并针对 C++ 和 Fortran 的最新发展更新了 API。它对整个 API 增加了额外的功能以便对管理复杂的内存层次结构有更好的支持，扩展了 GPU 支持，增加了迭代器以支持现代 C++ 的编程风格等。

　　这个讨论涉及 OpenMP 发展中的主要特性。我们的目标不是提供一个详细的发展历史（可以在论文 [2] 中找到），而是想说明 OpenMP 作为一种活的语言，在过去 20 多年的时间里，其复杂性是如何增长的。开始的时候，我们的目标是让并行编程尽可能简单，由于 OpemMP 是向后兼容的，所以现在仍然如此。然而，由于 5.0 规范的庞大规模，保持开始制定 OpenMP 时的核心简洁特性变得越来越困难。

3.2　通用核心

　　我们认为，需要改变讲解 OpenMP 的方式。不应该遵循规范的发展——这是我们过去教 OpenMP 的方式，而应该分离出 OpenMP 的核心，抓住 API 固有的简洁性。事实证明，大多数程序员很少甚至没有超越 OpenMP 的核心：大多数 OpenMP 程序使用的基本元素。我们称之为 OpenMP 通用核心。表 3-1 中给出了 OpenMP 中的通用核心项。

　　我们还没有讨论这些概念，所以不要花时间去理解它们，后面将会介绍。

表 3-1 构成 OpenMP 通用核心的编译指令、运行时库函数和子句以及相关的多线程计算基本概念

OpenMP 编译指令、函数或子句	概 念
#pragma omp parallel	并行区域、线程组、结构化块和跨线程交错执行
int omp_get_thread_num() int omp_get_num_threads() void omp_set_num_threads()	SPMD 模式：创建并行区域，使用线程数和线程 ID 分割工作
double omp_get_wtime()	代码的定时块、加速比和阿姆达尔定律
export OMP_NUM_THREADS=N	内部控制变量和用环境变量设置默认线程数
#pragma omp barrier #pragma omp critical	交错执行、竞争条件和同步所隐含的操作
#pragma omp for #pragma omp parallel for	共享工作、并行循环和循环携带依赖
reduction(op: list)	跨组内线程的值归约
schedule(static [,chunk]) schedule(dynamic) [,chunk])	循环调度、循环开销和负载平衡
private(list) firstprivate (list) shared(list)	OpenMP 数据环境：默认规则和修改默认行为的子句
default(none)	每个变量的存储属性的强制显式定义
nowait	禁用共享工作构造的隐含栅栏、栅栏的高成本以及刷新内存
#pragma omp single	由单线程完成的工作
#pragma omp task #pragma omp taskwait	任务、任务完成和用于任务的数据环境

3.3 OpenMP 的主要组件

在完成对 OpenMP 的概述，开始探索 OpenMP 通用核心之前，我们描述一下 OpenMP 的高层结构，以及它是如何与典型的共享内存计算机相适应的。图 3-2 展示了这一点。

我们从底层的硬件开始。OpenMP 通用核心采用了共享内存计算机的 SMP 模型。它不包括任何为解决 NUMA 计算机而增加的更高级的 OpenMP 特性。硬件之上是系统层。操作系统用某种线程模型来支持共享内存计算机。OpenMP 使用操作系统提供的任何一种线程模型，在大多数情况下是 pthreads。在操作系统层之上是 OpenMP 运行时系统。它由支持 OpenMP 程序执行的低层库和软件组件组成。它不是由 OpenMP 规范定义的，而是由

OpenMP 的实现者编写的。

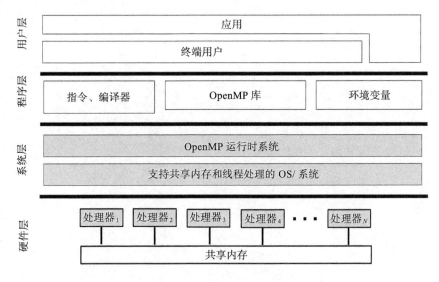

图 3-2　用于 OpenMP 通用核心的解决方案栈

下一层是程序层。这是 OpenMP 规范定义的 OpenMP API。它由三组基本项组成。

❑ 指令和 OpenMP 感知编译器：指令代表 OpenMP 程序员告诉编译器如何创建多线程程序。

❑ OpenMP 库：由 API 定义的函数，用于在程序执行时与计算机交互。它解决了在编译时无法解决的问题，如线程数以及控制程序执行的低级原语。

❑ 环境变量：控制执行程序的特征，并在运行时设置默认参数。

最后一层是用户层，这里的"用户"指的是运行（而不是创建）OpenMP 程序的人。顶层的"终端用户"框的形状表明，当应用程序与 OpenMP 的全部项目交互时，用户可以通过环境变量直接与 OpenMP 运行时交互。

我们对 OpenMP 及其历史的概述到此结束。你现在已经知道了所有需要的背景，下面开始探索 OpenMP 通用核心。

OpenMP 通用核心

在本书的这一部分，我们将介绍 OpenMP 通用核心。它包括了绝大多数 OpenMP 程序员一直使用的编译指令、子句、库例程、环境变量和相关概念。

我们在第 4 章首先概述了 OpenMP 和 OpenMP 程序中管理线程的基本机制。OpenMP 的这些基本线程管理功能，可以涵盖广泛的并行算法。

然后，我们进入第 5 章，介绍大多数程序员认为的 OpenMP 的"面包和黄油"：并行循环。使用共享工作循环构造，我们在代码中找到计算密集型循环，并将循环迭代分配给一组线程。当我们从一个循环到下一个循环时，它提出了一种直接的、增量的并行方法；并行化代码，直到达到我们的性能目标。在许多情况下，增量式、循环式并行并不能带来最佳性能。为了从并行算法中获得最大的收益，经常需要融合循环，重组数据以优化内存移动，或者完全改变底层算法。然而，增量式循环并行是开始使用 OpenMP 的好方法，在许多情况下，这是程序员愿意做的所有事情。

　　一旦有线程在一个地址空间内运行，你很快就会遇到线程之间如何共享数据所产生的问题。这就是第 6 章我们讨论 OpenMP 数据环境时的主题。这个主题是极其重要的，因为 OpenMP 程序中的许多错误都来自管理数据环境的错误。

　　通用核心的另一部分是任务级并行，这是第 7 章的主题。并行循环和显式管理的线程涵盖了广泛的算法。然而，对于那些并行性不在 `for-loops` 中，而是在不太规则的结构中，如具有未知先验长度的 `while-loops` 或递归算法的情况，它们可能具有挑战性。在这些情况下，并行性最好通过由线程组管理的动态任务队列来解决。随着并行计算的应用超越了作为科学计算核心的基本微分方程求解器，这种并行风格迅速发展。

　　在第 8 章中，我们探讨多线程程序中具有挑战性错误的另一个主要来源：当线程间共享的变量被读取时，管理哪些值可以返回的规则。这套规则被称为内存一致性模型。我们解释了 OpenMP 通用核心中使用的简化内存模型以及这个模型的局限性。

　　我们在第 9 章以快速回顾通用核心来结束这部分内容。根据多年使用 OpenMP 的经验，我们相信大多数程序员很少需要 OpenMP 通用核心没有涉及的内容。因此，首先掌握通用核心，只有在需要的时候，才会超越通用核心的内容。

线程和 OpenMP 编程模型

4.1 OpenMP 概述

我们创建 OpenMP 时考虑了一个特殊的用例。起点是一个用 C、C++ 或 Fortran 编写的顺序程序。程序员的目标是将这个顺序程序转换为并行程序，以便在共享内存的多处理器计算机上运行。理想情况下，这将在对原始代码干扰最小的情况下完成。

修改代码的最小干扰方式是通过编译器指令。编译器指令代表程序员告诉编译器做一些事情。在大多数情况下，OpenMP 中的指令在语义上是中性的，不会改变程序的意思。我们在 OpenMP 的设计中做了这样的选择，程序员可以写出这样的代码，当用支持 OpenMP 的编译器构建时，可以以并行方式运行，当用不支持 OpenMP 的编译器构建时，可以以串行程序方式运行。

正如你所看到的，我们是成功的，这种串行和多线程执行之间的语义等价是可以实现的。然而，这并不是必需的。可以编写只有在多线程执行时才能正确运行的代码，OpenMP 并不反对程序员的选择。然而，我们希望程序员能形成一种编程规则，即并行代码在语义上等价于原始串行代码。

4.2 OpenMP 程序的结构

OpenMP 所定义的指令根据主机编程语言的不同而采取不同的形式。表 4-1 展示了在 C、C++ 和 Fortran 语言中 OpenMP 指令的形式。在 C 和 C++ 中，指令以编译指令的形式表示。在 Fortran 中,使用一种特殊形式的注释语句来表示编译器指令。对于 Fortran、C 和 C++ 来说,指令中使用的名称几乎总是相同的,这让程序员可以很容易地在不同的语言之间转换。

表 4-1 C/C++ 和 Fortran 中的 OpenMP 指令的一般形式。指令和结构化块的组合称为构造

C/C++ 的 OpenMP 指令格式和带结构化块的例子
#pragma omp parallel *[clause[[,] clause]...]*

#pragma omp parallel private(x)
{
    ... code executed by each thread
}

Fortran 的 OpenMP 指令格式和带结构化块的例子
!$omp parallel *[clause[[,] clause]...]*
!$omp parallel private(x)   ... code executed by each thread **!$omp end parallel**

大多数 OpenMP 指令适用于代码块。编译器根据 OpenMP 指令,对与指令相关的代码块进行一些处理。这通常涉及“概括代码”,这是“编译器术语”,指的是编译器在编译过程中用程序中的一些语句创建函数。程序员从来没有明确地看到这个函数。编译器在编译过程中创建函数,并在其生成的代码中调用该函数。

由于与指令相关联的代码块中的代码将变成一个函数,编译器必须能够对代码做出一些假设。特别是,编译器需要假设,除非出现关闭程序的错误条件(例如,C/C++ 中调用 exit 或 Fortran 中的 STOP 语句),否则代码块将从顶部输入,从末端退出。换句话说,程序不会跳到代码块的中间,也不会从代码块的中间跳出来。OpenMP 称这种代码块为结构化块。

OpenMP 指令的基本语法如表 4-1 所示。C 和 C++ 是块结构的语言。它们的语言定义中包含了块的概念,一个块是指左大括号“{”和右大括号“}”之间的一行代码或多行代码。因此,我们可以利用 C 和 C++ 的特性来定义与 OpenMP 构造相关的结构化块。然而,Fortran 并不是块结构化的。对于 Fortran 来说,需要添加一个指令来指示一个块的结束。与 C 和 C++ 一样,Fortran 中的一个块是在开始指令和终止指令(例如表 4-1 中的 !$omp end parallel)之间的一条语句或一组语句。

虽然在 C/C++ 中使用大括号来结束一个代码块,而不是 Fortran 中的 end 指令,但是当许多代码块被嵌套时,可能会让人感到困惑(你将看到这种做法是很常见的)。一段代码

可能有很多个收尾大括号，将收尾大括号与正确的结构匹配起来可能会让人感到困惑。因此，我们经常在大括号中添加注释，以指定它与哪个 OpenMP pragma 绑定。

```
#pragma omp parallel
{
    .... do lots of stuff
} // end of parallel region
```

这也不是必需的，我们在自己的代码中经常会忽略这个规则。然而，在有许多块的复杂程序中，这个简单的注释可以帮助你理解代码。

我们在 OpenMP 中使用两个术语来描述 OpenMP 程序执行的代码。指令和结构化块的组合称为构造。一些 OpenMP 文献使用术语"词汇范围"（lexical extent）来指代编译单元中包含指令的可见代码。构造是静态的，它是你在包含指令的源代码中看到的东西。我们使用术语"区域"（region）来指与构造相关联的线程所执行的所有代码。它包括编译单元中定义的带有指令的代码，也包括从结构化块调用的任何函数内的代码。区域是构造的"动态范围"，因为在程序运行之前，不一定知道构造内部执行了哪些代码。

编译器指令定义了 OpenMP 编译器在编译程序时进行的转换。并行计算的一些特性只能在运行时进行评估。例如，一个指令可能表明（我们很快就会讨论）应该创建一些线程。创建这些线程的代码在编译时是已知的，但系统并不知道在程序运行时实际会使用多少个线程。这个数量取决于硬件、与系统相关联的核心数以及用户在运行程序时可能要求的数量。

一个程序只有在运行时才知道其特性，通过一组库例程在 OpenMP 程序内部被引用。例如，我们很快就会学习一个运行时的库例程，它可以返回程序中某一点正在使用的线程数（int omp_get_num_threads()），而另一个库例程则表示线程的序号或 ID（int omp_get_thread_num()）。

最后，当一个可执行文件在系统上运行时，会出现与计算相关的因素。例如，程序的用户可能想改变默认的线程数，或者描述在一组线程中划分循环的首选方式。这些执行时的问题可以通过一组环境变量来处理。

这就完成了对 OpenMP 基本结构的探讨。由于我们创建 OpenMP 的目标是为应用程序员提供一个简单的 API，所以不需要太多的时间就可以开始使用 OpenMP。要学习 OpenMP，你只需要掌握 OpenMP 规范中的一些元素：

❑ 编译器指令
❑ 运行时库例程
❑ 环境变量

此外，需要记住程序中的代码是如何与 OpenMP 元素交互的，特别是构造（一个指令加上在编译单元中包含该指令的直接可见的代码）和区域（构造中的代码，加上从构造的结构化块调用的函数中的任何代码）。

4.3 线程和 fork-join 模式

正如我们在 1.2 节中所看到的那样（在 Hello World 程序中），在 OpenMP 中，可以用表 4-2 中定义的 parallel 构造创建线程。

表 4-2 C/C++ 和 Fortran 中的 parallel 构造。该构造将创建或分叉（fork）出一组线程，执行构造内的代码，完成之后将线程合并（join）在一起，这样只有主线程继续运行

C/C++	Fortran

#pragma omp parallel
{
  ...code executed by each thread
}
	!$omp parallel
	
	  ...code executed by each thread
	!$omp end parallel

parallel 指令用于创建一个线程集合，我们把这些线程称为线程组。在构造结束时，线程组被销毁，只留有一个线程，即第一次遇到 parallel 指令的线程继续执行。

这个构造所隐含的基本模式称为 fork-join 模式。如图 4-1 所示，程序以一个初始线程开始。当这个线程遇到有利于并行执行的代码时，parallel 构造就会分叉（fork）出一个线程组来执行这个并行区域的代码。注意，初始线程是线程组的一部分，我们称之为线程组的"主线程"。线程组做并行区域定义的工作。完成后，线程组合并（join）到一起，除主线程以外的所有线程都被"销毁"，主线程继续并执行程序的顺序部分。之后，主线程可能会看到又一个有利于并行执行的代码块。然后，它将创建一个新的可能会有不同数量的线程组，并继续一个新的并行区域，直到线程组完成工作之后再合并。我们甚至可以将线程组进行嵌套。

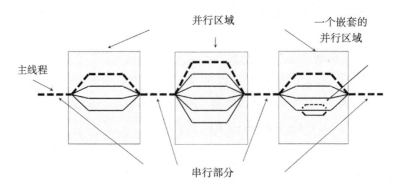

图 4-1 fork-join 模型。一个程序以单线程开始，它创建或分叉（fork）出一组线程，每个线程执行一个代码块。当完成后，各线程合并（join，即被销毁），单个原始线程继续

有几个底层的细节需要说明。当我们说"销毁"时，使用引号是有原因的。好的

OpenMP 实现可能会选择通过在一个叫作线程池的底层结构之间来回移动线程来减少创建和销毁线程的开销。在程序员看来，除了主线程之外的所有线程都被销毁了，但在后台它们可能根本没有被销毁。这通常并不重要，可以忽略这个底层的实现细节。不过，在一些情况下，这种处理合并后的线程的方式可能会对性能产生重大影响。

　　第二个需要说明的细节是关于合并前后的事件时间。所有的线程必须在剩下的一个线程继续之前执行合并。可以放心地假设，一旦一个线程经过合并之后继续，则线程组中的其他线程已经完成了它们的工作，并将所有结果存入了内存。这种合并处的行为经常出现在 OpenMP 程序中，我们称之为栅栏（barrier）。栅栏是程序中的一个点，在任何线程继续之前，线程组中的所有线程都必须到达这个点。在这种情况下，所有的线程都会到达栅栏，然后它们执行合并，接下来初始线程继续。在本书后面讨论同步时，会有更多关于栅栏的内容。

　　OpenMP 通用核心是一个显式的 API[⊖]。指令并不是向编译器提出建议，而是在编译器生成并行程序时告诉它该做什么。另外，线程是显式的。有一个线程组，程序员可以知道组中有多少个线程，并且可以区分不同的线程。

　　一个程序开始时，在创建线程组时会有一个特定的默认线程数。然而，OpenMP 的实现在选择这个数字时有很大的灵活性。最常见的选择是将一个线程组中的默认线程数设置为操作系统所看到的核心数。对于拥有数百个或数千个内核的大型多处理器系统，可能会设置一个较低的默认值。或者对于很多用户共享的系统，为了防止人们占用整台机器，可以将默认值设置得比核心数小。关键的一点是，OpenMP 的实现可以根据最合理的情况，灵活地设置线程组中线程数的默认值。

　　当然，OpenMP 为程序员提供了一种修改创建线程组时请求的默认线程数的方法。有几种方式可以做到这一点，但现在我们只关注一种：使用库例程来显式地改变默认值。表 4-3 展示了这一点。

表 4-3　在 C/C++ 和 Fortran 中改变默认线程数的库例程。在被新的值明确覆盖之前，这个默认值被用作后续并行区域的线程请求数

```
void omp_set_num_threads(int num_threads);
subroutine omp_set_num_threads(num_threads)
integer num_threads
```

　　考虑图 4-2 中的代码。它包含一个并行区域。一个线程组被分叉出来。它将最多由 4 个线程组成。即使程序员要求 4 个线程，系统也可能选择创建一个少于 4 个线程的组。不

⊖　5.0 版本的 OpenMP 增加了声明式的构造。声明式构造描述了它们希望系统完成的工作，但对"如何"执行工作只字未提。随着 OpenMP 的发展，并致力于解决异构系统的需求，很可能会增加更多的声明性指令。

过你可以依赖一点：一个线程组一旦形成，其规模就是固定的。一个线程组开始时的线程数就是它完成工作并在并行区域结束时执行合并时的线程数。OpenMP 运行时系统一旦启动，就不会减少线程组的规模。

要对线程做任何有用的事情，需要了解数据环境与线程如何交互。这些规则很复杂，因此，后面会用一整章来讨论这个话题。然而，可以用 OpenMP 数据环境的简单默认规则来做大量的 OpenMP 编程。

基本规则是，在并行构造之前声明的变量在线程之间共享，而在并行构造内部声明的变量是线程的私有变量。考虑图 4-2 中的代码。有一个简单的函数叫 pooh()，它将一个输入的整数分配到数组的一个位置。从主函数来看，数组是静态声明的，也就是说，在声明数组时为它提供了一个固定的维度。在这种情况下，我们将这个数组中的值初始化为零。然后再请求一个特定的线程数，以便在后续的并行区域中使用（即在创建线程组时设置的默认请求线程数），并进入并行区域。由于该数组是由初始线程在并行区域之前声明的，所以它对并行区域内的所有线程都是可见的。所有的线程都会看到同一个数组 A。

```c
1   #include <stdio.h>
2   #include <omp.h>
3
4   // a simple function called by each thread
5   void pooh(int ID, double* A)
6   {
7       A[ID] = ID;
8   }
9
10  int main()
11  {
12      double A[10] = {0};    // an array visible to all threads
13      omp_set_num_threads(4);
14      #pragma omp parallel
15      {
16          int ID = omp_get_thread_num();  // a variable local to each thread
17          pooh(ID, A);
18          printf(" A of ID(\%d) = \%lf\n",ID,A[ID]);
19      } // end of parallel region
20  }
```

图 4-2 数据移动和并行区域。这个简单的程序将请求并行区域的默认线程数设置为 4。定义了一个并行区域，在这个区域内设置一个线程 ID，并调用一个简单的函数。这个程序的关键点在于：（1）所有线程在这个并行区域中独立执行同一个代码块；（2）所有线程都可以访问并行区域之前声明的数组；（3）每个线程都有自己的、私有的 int 型 ID 副本

在并行区域内，我们声明一个 int 变量 ID。C 语言是一种块结构的语言，对变量的作用域有明确的定义。如果一个变量被声明在一个块里面，那么它就是该块的局部变量或私有变量。因此，每个线程都会得到自己的名为 ID 的变量。然后，调用运行时库例程提供的一个编号来唯一定义一个线程（如表 4-4 所定义）。线程编号是一个序号，也就是说，是一个从 0（对于主线程）到线程数减 1 的数字。

表 4-4　C/C++ 和 Fortran 中返回线程序号的库例程。返回的值是线程组中的线程序号，
　　　　范围从 0 到线程数减 1

```
int omp_get_thread_num();
integer function omp_get_thread_num()
```

最后，有的时候你想知道一个线程组里有多少线程。由于不能假设你请求的数就是你所
拥有的数，所以需要一种方法来查询系统以获得这个数字。表 4-5 中展示了如何做到这一点。

表 4-5　在 C/C++ 和 Fortran 中返回当前线程组中线程总数的库例程

```
int omp_get_num_threads();
integer function omp_get_num_threads()
```

这三个用于管理线程的库例程在 OpenMP 中是至关重要的。为了确保理解它们，我们
在图 4-3 中再给出一个如何使用它们的例子。在调用 omp_set_num_threads() 之后，
任何一个并行区域都会请求四个线程。这是在并行区域中使用的默认线程数，在明确设置
不同的线程数之前，它一直保持不变。在并行区域内部，我们查询 OpenMP 运行时以找到
当前线程组的线程总数（即我们实际得到的线程数）和线程 ID。

```
1   #include <stdio.h>
2   #include <omp.h>
3
4   int main()
5   {
6     omp_set_num_threads(4);
7     int size_of_team;
8   #pragma omp parallel
9     {
10      int ID = omp_get_thread_num();
11      int NThrds = omp_get_num_threads();
12      if (ID == 0) size_of_team = NThrds;
13    } // end of parallel region
14    printf("We just did the join on a team of size \%d", size_of_team);
15  }
```

图 4-3　管理线程的库例程。这个程序展示了如何设置并行区域中请求的默认线程数，查询
　　　　线程组的线程总数，以及设置唯一的线程 ID。在分配 `size_of_team` 时要注意
　　　　避免数据竞争

图 4-3 中显示了一个重要的细微之处。如果你想知道在并行区域完成合并且不再存在
后，并行区域内部曾经使用了多少线程，怎么办？ C 语言是一种块结构的语言。在块完成
后，在块内声明的任何变量（如 `NThrds`）都会超出范围，不再可用。解决的办法是在并行
区域之前声明一个变量，使其成为共享变量，本例为 `size_of_team`，然后在并行区域内
部将其赋值为 `NThrds`（线程数）。

请注意，在图 4-3 中，只有一个线程被允许做这个赋值。既然所有线程看到的线程组的大

小都是一样的，那么是不是可以让每个线程都把自己的值赋给共享变量 `size_of_team` 呢？

多个线程向共享变量交错写入语句，可能会产生冲突。当一个线程向共享变量写入其值时，线程组中的不同线程可能会尝试执行对同一变量的写入。这就是所谓的数据竞争。虽然对于某些处理器（如英特尔公司的 x86 CPU）来说，如何执行写的低级规则保证了交错写语句的正确执行，但其他处理器可能不提供这种保证。由于交错操作可以根据线程的调度方式以任何顺序发生，所以存储在 `size_of_team` 中的最终值是未定义的。

数据竞争会导致未定义的值，根据程序的不同，它们会使程序的行为无法明确定义。因此，OpenMP 和其他编程语言（包括 C 和 C++）规定，任何包含数据竞争的程序都是未定义的。面对竞争条件，编译器不需要创建一个定义明确的程序。

因此，使用任何语言（不仅仅是 OpenMP）编码，线程的关键部分都是确保没有数据竞争。任何时候，当发生对一个共享变量的写入时，程序员必须保证写入不会与其他线程对同一变量的写入发生重叠。当讨论同步和 OpenMP 内存模型时，会介绍更多关于数据竞争和数据移动的内容。

4.4 使用线程

我们已经介绍了一个简单的 OpenMP 构造（`parallel`）和三个 OpenMP 例程来帮助管理线程组中的线程。这只是 OpenMP 中可用的一小部分，却足以利用它们进行一些常规的并行编程。在本节中，我们将通过考察图 4-4 中问题的不同解决方案来探索并行编程。我们将编写一个程序，该程序通过将曲线下的面积近似为矩形面积的和来估计一个定积分的值。选择积分和积分范围，使得这个积分的结果等于 π。

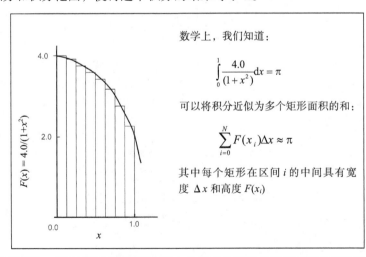

数学上，我们知道：

$$\int_0^1 \frac{4.0}{(1+x^2)}dx = \pi$$

可以将积分近似为多个矩形面积的和：

$$\sum_{i=0}^{N} F(x_i)\Delta x \approx \pi$$

其中每个矩形在区间 i 的中间具有宽度 Δx 和高度 $F(x_i)$

图 4-4　数值积分。积分可以通过用矩形填入曲线下的区域并将其面积相加来近似。选择积分和积分的限制范围，所以结果应该近似于 π

图 4-5 是一个实现图 4-4 中定义的算法的 C 语言程序。为了尽可能简单，我们将步数
（`num_steps=100000000`）固定为一个文件范围变量。计算步长大小，然后在 `for` 循环
中依据步数运行数值积分。对于每一次迭代，我们计算出特定步长的中心点（第 16 行中的
`x`），然后累积该位置的积分值（第 17 行中的 `sum`）。循环完成后，乘以步长，如果一切顺
利，结果应该近似于 π。

```
1    #include <stdio.h>
2    #include <omp.h>
3    static long num_steps = 100000000;
4    double step;
5    int main ()
6    {
7        int i;
8        double x, pi, sum = 0.0;
9        double start_time, run_time;
10
11       step = 1.0 / (double) num_steps;
12
13       start_time = omp_get_wtime();
14
15       for (i = 0; i < num_steps; i++){
16           x = (i + 0.5) * step;
17           sum += 4.0 / (1.0 + x * x);
18       }
19
20       pi = step * sum;
21       run_time = omp_get_wtime() - start_time;
22       printf("pi = \%lf, \%ld steps \%lf, \%lf secs\n",
23                   pi, num_steps, run_time);
24   }
```

图 4-5　利用中点规则从数值上估算定积分的串行程序。除了累加求和到 `sum` 之外，循环迭代是独立的

我们在图 4-5 中又增加了一个 OpenMP 的概念。并行编程的目标是使程序运行的时间
更短。因此，当用不同的方法来并行化 Pi 程序时，需要跟踪它所需要的时间。这可以通过
表 4-6 中定义的 OpenMP 墙钟定时器来实现。在被计时的代码部分之前（第 13 行）和之后
（第 21 行）调用定时器。它们的差是执行相关代码的时间。

表 4-6　在 C/C++ 和 Fortran 中，从过去的某一时刻返回以秒为单位的时间的库例程

double **omp_get_wtime**();
double precision **function omp_get_wtime**()

4.4.1　SPMD 设计模式

为了并行化图 4-5 中的程序，我们分叉出一组线程，然后让每个线程处理循环迭代的
子集。每个线程都将执行与并行构造相关联的结构化块所定义的相同代码。因此，我们需
要一种方法在程序逻辑中编码，不同的线程应该处理不同的循环迭代。这可以通过单程序
多数据（SPMD）设计模式来实现：

❑ 启动两个或多个执行相同代码的线程。

❑ 每个线程确定其 ID 和线程组中的线程数。

❑ 根据 ID 和线程组中的线程数在线程之间分配工作。

正如 [9] 中所讨论的那样，SPMD 模式被大量用于使用 MPI 编写的消息传递程序中，并且在 OpenMP 中也能很好地工作，它可能是并行计算中最常用的设计模式。

在图 4-5 的串行 Pi 程序中，我们看到有一个循环。可以使用 MPI 程序员熟知的技巧在线程之间分割循环，这称为循环迭代的按周期分布的划分。给定线程 ID 的序号（即整数线程标识符，范围从 0 到线程数减 1），从线程 ID 开始循环迭代，并按线程数递增进行循环：

```
ID = omp_get_thread_num();
numthreads = omp_get_num_threads();
for (int i = ID; i < num_steps; i = i + numthreads) {
    // body of the loop
}
```

如果有 4 个线程，例如，0 号线程将执行迭代 0，4，8，12…，1 号线程将执行迭代 1，5，9，13…，其余线程以此类推。如你所见，在线程集合内，所有的循环迭代都将被覆盖。但是，由于存在一些数据竞争，程序仍然无法工作。我们将分两步解决数据竞争的问题。首先，处理一下每个线程的私有变量。观察图 4-5 中的代码，我们看到变量 i 和 x 需要被各个线程进行本地处理。可以通过在循环前的并行构造内声明它们，使它们成为局部变量。同样，用于管理线程的变量（ID 和 numthreads）也必须是每个线程的私有变量。

有趣的挑战是 sum 变量。每个线程都需要自己的 sum 副本，以累加迭代分配的矩形面积的和。可以创建一个 sum 的私有副本，但是当并行区域被执行且结构化块完成后，这个变量就会超出范围，不再可用。但是，我们需要访问这些值，将每个线程的 sum 合并起来，才能得到最后的完整和。如何创建一个有存储空间的共享变量，为每个线程提供一个私有的内存区，用于本地求和？可以使用数组。如果把串行程序中的标量 sum 推广为一个数组，每个线程都有一个数组项，就可以得到我们需要的结果。

对所有这些项求和，就得到了图 4-6 中的并行 Pi 程序。在线程之间对循环迭代进行按周期分布的划分是一种在线程之间分割循环工作的特别简单的方法。

第二种方法是基于循环的块状分解，在线程间分配循环工作。图 4-7 为数值积分 Pi 程序提供了使用这种方法的并行构造。我们的想法是给每个线程一个大小近似相等的循环迭代块。块大小是通过将积分中的步数除以线程数得到的。然后，将块大小乘以线程 id，找到每个线程所负责的块开始的迭代索引，再乘以 id+1，找到所负责的块的最后一个迭代索引。我们需要考虑积分中的步数并不是总能整除线程数的情况。通过将最后一个线程（id=numthreads-1）所负责的块的最后一个迭代索引设置为总步数来处理这种情况（第 13 行）。

```
1   #include <stdio.h>
2   #include <omp.h>
3
4   #define NTHREADS 4
5
6   static long num_steps = 100000000;
7   double step;
8   int main()
9   {
10      int i, j, actual_nthreads;
11      double pi, start_time, run_time;
12      double sum[NTHREADS] = {0.0};
13
14      step = 1.0 / (double) num_steps;
15
16      omp_set_num_threads(NTHREADS);
17
18      start_time = omp_get_wtime();
19      #pragma omp parallel
20      {
21          int i;
22          int id = omp_get_thread_num();
23          int numthreads = omp_get_num_threads();
24          double x;
25
26          if (id == 0) actual_nthreads = numthreads;
27
28          for (i = id; i < num_steps; i += numthreads){
29                  x = (i + 0.5) * step;
30                  sum[id] += 4.0 / (1.0 + x * x);
31          }
32      } // end of parallel region
33      pi = 0.0;
34      for (i = 0; i < actual_nthreads; i++)
35          pi += sum[i];
36
37      pi = step * pi;
38      run_time = omp_get_wtime() - start_time;
39      printf("\n pi is \%f in \%f seconds \%d thrds \n",
40                      pi,run_time,actual_nthreads);
41  }
```

图 4-6   按周期分布划分循环迭代的 SPMD 并行数值积分。程序通过用矩形填充曲线下的区域并将其面积相加来计算积分。这个版本的程序将累加变量 **sum** 推广为一个数组，并在线程之间使用按周期分布划分循环迭代的方法

```
1   step = 1.0 / (double) num_steps;
2   #pragma omp parallel
3   {
4       int i;
5       int id = omp_get_thread_num();
6       int numthreads = omp_get_num_threads();
7       double x;
8
9       if (id == 0) actual_nthreads = numthreads;
10
11      int istart = id     * num_steps/numthreads;
12      int iend  = (id+1) * num_steps/numthreads;
13      if (id == (numthreads-1)) iend = num_steps;
14
15      for (i = istart; i < iend; i++) {
16          x = (i + 0.5) * step;
17          sum[id] += 4.0 / (1.0 + x * x);
18      }
19  } // end of parallel region
```

图 4-7   基于块状分解划分循环迭代的 SPMD 并行数值积分。采用图 4-6 代码中的并行区域，但将循环迭代的周期分布改为块状分解

周期分布和块状分解只是在一组线程中划分循环迭代的两种方法，还有很多方法可以完成这一工作。我们将在下一章讨论循环级并行时，讨论它们对性能的影响。

对于基于周期分布的程序（如图 4-6），我们将考虑改变线程总数时对程序的性能的影响。在配置了超线程的双核笔记本电脑⊖上运行该程序，这意味着每个核心都有两个硬件线程，操作系统认为这是一台拥有四个处理器的笔记本电脑。性能结果如表 4-7 所示。从一个线程到两个线程，性能有了很大的提高，但到了三个线程，性能提升变慢了，到了四个线程就没有什么提高了。

表 4-7　图 4-6 中数值积分程序的运行时间和加速比。报告的运行时间是 SPMD 算法的墙钟时间，单位为秒。加速比是相对于串行程序的运行时间 1.83 秒而言的

线程数量	SPMD	加速比
1	1.86	0.98
2	1.03	1.78
3	1.08	1.69
4	0.97	1.89

在编写多线程程序时，收集如表 4-7 中所示的数据很重要。这意味着多次运行一个程序，每次都增加线程数，直到用完处理器核心或加速比水平下降。我们只讨论一种改变程序请求线程总数的方法：使用 `omp_set_num_threads()` 函数。这需要编辑源代码，并在线程总数改变时随时重新编译程序。这在性能研究中很烦琐。

OpenMP 定义了第二种方法来改变默认的线程数，即可以通过程序⊖设置一个环境变量 `OMP_NUM_THREADS` 来改变默认的线程数。在基于 Linux 的系统⊜中，在 Bashshell 提示符下发出的以下命令将把 OpenMP 程序的默认线程总数设置为 4：

```
export OMP_NUM_THREADS=4
```

OpenMP 程序在启动时检查这个环境变量，并且在程序内部被覆盖之前（例如通过调用 `omp_set_num_threads()`），使用这个值作为每次遇到并行构造时请求的线程总数。这使得我们可以很容易地运行一个具有许多不同线程总数的程序，而不需要为每种情况重新编译。

⊖ Intel 编译器（icc）、Apple OS X 10.7.3、默认优化级别（O2）、双核（四个 HW 线程）、Intel Core i5 处理器的频率为 1.7 GHz、4 GB DDR3 内存的频率为 1.333 GHz。

⊖ 本节只介绍最简单的情况，即线程数是一个标量值。在后面的 12.1.1 节，将讨论更复杂的情况，即环境变量定义线程的层次结构。

⊜ 围绕 Linux 内核构建的操作系统（如 OSX）中包含一个命令行解释器或 shell。常见的命令行解释器包括 Bash、Tcsh/Csh、sh 和 Ksh 等。它们有相当大的重叠性，所以你通常不需要知道在使用哪个 shell。然而，它们在一些关键的方面有所不同，其中之一是如何设置环境变量。由于 Bash 是最常用的 shell，我们将展示 Bash 的环境变量是如何设置的。

4.4.2　伪共享

图 4-6 中，基本 SPMD Pi 程序的性能并不十分突出。虽然我们没有计算串行部分，但希望它相当快，因为到目前为止计算中最耗时的部分已经被并行化了。在四个硬件线程的情况下，我们希望看到速度提高到四个线程该有的水平，也许不是 4 倍的速度，但应该比四个线程时 1.89 倍的速度要好（1.89 为串行程序的运行时间与在四个线程上运行并行程序所耗的时间之比）。表征性能的话题很复杂，需要一整本书来充分论述。为了简单起见，只考虑与计算相关的内存移动。在 Pi 程序中，在内存访问方面似乎并没有发生什么。例如，计算并不是在内存中扫过大型数组流，或将数据移入和移出文件系统。对内存的唯一读写是数组元素的求和。数组的元素是独立的，没有共享，所以这些操作怎么会影响扩展性呢？

这是内存效应的一个例子，称为伪共享。如果一个线程访问数组的某个元素，那么随后对该数组的内存引用最有可能是紧接着的元素，这就是所谓的空间局部性。为了利用空间局部性，数组被分解成块，每个块映射到一个 L1 缓存行。因此，相邻的数组元素倾向于在同一个共享的 L1 缓存行中。如图 4-8 所示，缓存行中的信息可以在核心之间进行交换。在伪共享中，当独立的数据元素恰好是同一个高速缓存行的一部分时，每次更新都会导致高速缓存行在核心之间来回移动。这种多余的内存流动会极大地降低程序的速度。

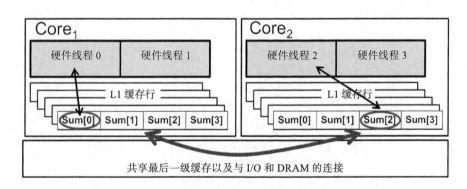

图 4-8　伪共享。两个核心（1 和 2）和用来存放数组 Sum 的缓存行，数组的相邻元素经常被映射到同一个缓存行上。数据是不同的（没有真正的共享），但缓存行是共享的，因为缓存行在两个核心之间来回移动，所以产生了高开销

为了理解这种效应，考虑图 4-8 中描述的数据流动。假设包含 Sum[0:3] 的缓存行的一个相同副本位于所有 L1 缓存中，硬件线程 0 修改了 Sum[0]。这个修改使这个缓存行的所有其他副本无效。不幸的是，这意味着即将更新 Sum[2] 的硬件线程 2 认为其缓存行中的 Sum[2] 的值是无效的。虽然我们知道这不是真的，但系统无法区分这个层面的变化，会将新修改的缓存行复制到 $Core_2$ 的 L1 缓存中。然后硬件线程 2 会更新 Sum[2]，但这会自动使

这个缓存行的其他副本无效。现在假设硬件线程 1 要更新 Sum[1]。它将看到一个无效的缓存行，系统将从 $Core_2$ 中获取一个刚刚更新的缓存行的副本。这样继续下去，每更新一次 Sum，缓存行就会在两个核心之间来回移动。程序是正确的，线程之间不存在数据共享冲突的问题。然而，由于数组元素共享一个缓存行，伪共享效应影响了性能。

删除伪共享的一种方法是填充出现伪共享的数组。考虑图 4-9 中的代码，第 13 行的 sum 数组声明中增加了第二个维度，并使其大到足以填满 L1 缓存行（8 个 4 字节数 =32 字节）。这使得每个数组的第一个元素存储在不同的 L1 缓存行中。我们浪费了缓存行的空间，消除了利用空间局部性的可能性。然而，在这个程序中，空间局部性并不重要，我们并不担心内存利用率低下，因为 sum 数组相当小（即使考虑到存储的数值）。

```
1    #include <stdio.h>
2    #include <omp.h>
3
4    #define NTHREADS 4
5    #define CBLK       8
6
7    static long num_steps = 100000000;
8    double step;
9    int main ()
10   {
11      int i, j, actual_nthreads;
12      double pi, start_time, run_time;
13      double sum[NTHREADS][CBLK]={0.0};
14
15      step = 1.0 / (double) num_steps;
16
17      omp_set_num_threads(NTHREADS);
18
19      start_time = omp_get_wtime();
20      #pragma omp parallel
21      {
22         int i;
23         int id = omp_get_thread_num();
24         int numthreads = omp_get_num_threads();
25         double x;
26
27         if (id == 0) actual_nthreads = numthreads;
28
29         for (i = id; i < num_steps; i += numthreads) {
30            x = (i + 0.5) * step;
31            sum[id][0] += 4.0 / (1.0 + x * x);
32         }
33      } // end of parallel region
34      pi = 0.0;
35      for (i = 0; i < actual_nthreads; i++)
36         pi += sum[i][0];
37
38      pi = step * pi;
39      run_time = omp_get_wtime() - start_time;
40      printf("\n pi is %f in %f seconds %d thrds \n",
41                  pi, run_time, actual_nthreads);
42   }
```

图 4-9 带填充的 sum 数组的数值积分。对 sum 数组用额外的维度填充一个 L1 缓存行，并将后续的 sum 行即每个 sum[id][0] 放在不同的缓存行上

表 4-8 显示了带填充的 sum 数组的程序结果。性能的提升是惊人的，性能一直提升，直到使用 4 个线程（加速比为 1.83/0.53=3.4）。填充数组的效果很好，是程序的一个小补充。它需要知道 L1 缓存的大小，所以当程序从一个处理器移动到另一个处理器时，可能需要改变填充维度的大小。填充数组有第二个更微妙的问题：它是令人困惑的。在程序的生命周期中，维护代码的时间比编写代码的时间要多。对于一个程序的读者来说，也许没有机会接触到原作者，在 sum 数组中增加第二个维度似乎是随意的和令人困惑的。

表 4-8 带数组填充和不带数组填充的数值积分程序的运行时间（秒）。串行程序运行时间为 1.83 秒。所有时间都是墙钟时间

线程数量	SPMD	带数组填充的 SPMD
1	1.86	1.86
2	1.03	1.01
3	1.08	0.69
4	0.97	0.53

使用数组作为累加器会导致伪共享问题。如果可以在一个线程执行的结构化块的作用域内使用标量，那么变量很可能不会存储在同一缓存行中，伪共享就是不可能的。为此，需要重新审视共享变量，以及如何在程序中安全使用它们。

4.4.3 同步

OpenMP 线程是并发执行的，也就是说，不同线程的指令不能按照固定的顺序来执行。有时，需要并发线程来协调它们的执行，这样我们就可以约束线程之间某些操作的顺序。这种协调称为同步。在 OpenMP 通用核心中，有两种同步机制：临界区和栅栏。

4.4.3.1 临界区

最基本的同步构造为多线程运行的代码定义了一种相互排斥关系。相互排斥规定，如果一个线程正在执行一个代码块，而第二个线程试图执行同样的代码块，那么第二个线程将暂停并等待，直到第一个线程执行完成。在 OpenMP 中，用表 4-9 所示的 critical 构造来定义相互排斥执行的代码块。

图 4-10 中提供了一个临界区的例子。在这段代码中，我们创建了一组线程，然后利用线程之间按周期分布划分循环迭代来执行一个循环（正如图 4-6 中的代码一样）。在循环内部，线程执行一条语句 B=big_job(i)。对于这个例子，假设需要使用函数 consume(B) 消耗 big_job(i) 的输出，在 consume() 函数内部，一些共享变量被更新。我们必须保证这些更新是受保护的，所以当一个线程在进行更新时，另一个线程不会尝试同时更新它们。否则，这将导致数据竞争，而且 consume() 内的

共享变量的值将是不确定的（即系统没有办法给它们一个明确的值）。为了防止数据竞争，我们希望 consume() 函数一次只完成一个线程运行，也就是说，希望函数的执行过程能相互排斥。这正是将函数调用放在一个 critical 构造⊖内所要达到的目的。

表 4-9　critical 构造定义了一个以相互排斥的方式执行的代码块，即一次只有一个线程执行代码，另外的线程有可能在构造的开始处等待，直到轮到自己。当代码块只包含一条语句时，不需要大括号和 END CRITICAL

```
#pragma omp critical
{
    ... one or more lines of code
}
```
```
!$omp critical
    ... one or more lines of code
!$omp end critical
```

```
1   #include <stdio.h>
2   #include <omp.h>
3
4   int main()
5   {
6       float   res = 0.0;
7       #pragma omp parallel
8       {
9           float B; int i, id, nthrds;
10          id = omp_get_thread_num();
11          nthrds = omp_get_num_threads();
12          for (i = id; i < niters; i += nthrds) {
13              B = big_job(i);
14              #pragma omp critical
15                  res += consume(B);
16          }
17      } // end of parallel region
18  }
```

图 4-10　一个临界区的例子，函数 consume() 需要一次被一个线程调用

　　同步可能是成本很高的。正如我们在后面探讨 OpenMP 中共享内存更新的细节时将讨论的那样，同步构造意味着内存移动，以确保所有线程都能看到其他线程的更新。

　　在大多数情况下，使用临界区的最大开销来自等待执行代码的线程。

　　在图 4-10 中，我们将 critical 构造放在一个循环内部。在最坏的情况下，语句 B=big_job(i) 将快速执行，循环内的时间将被等待在临界区的线程消耗掉。换句话说，循环将被序列化。如果目标是良好的并行性能，这将是影响很大的。然而，如果循环内部的函数（big_job）相对于管理临界区的开销来说运行时间很长，而且函数的运行时间在每次循环迭代之间变化很大，那么将临界区放在循环内部是可以的。这样，两个线程试图同时执行一

⊖　图 4-10 中的 critical 构造没有大括号也许让你感到困惑，请记住，当一个结构化块只有一行时，可以不加大括号，也就是说，一条语句是一个大小为 1 的块。

个临界区的概率很低。在这种情况下，我们说临界区是无竞争的，同步开销是可以管理的。

　　可以使用临界区来消除 Pi 程序中对 sum 数组的需求。考虑图 4-11 中的代码。现在我们将 sum 定义为一个标量变量，并将其初始化为零。在并行区域内，为每个线程定义一个名为 partial_sum 的私有变量。当循环执行时，每个线程的总和都会累积到这个私有的 partial_sum 变量中。由于每个线程都有自己的 partial_sum 副本，所以不再有任何数据竞争。当循环完成后，将 partial_sum 添加到所有线程共享的 sum 变量中。这不会产生数据竞争，因为我们把这个和放在了一个临界区里面。

```
1   #include <stdio.h>
2   #include <omp.h>
3
4   static long num_steps = 100000000;
5   double step;
6   int main ()
7   {
8       int i, j, nthreads;
9       double pi, full_sum = 0.0;
10      double start_time, run_time;
11
12      step = 1.0/(double) num_steps;
13      full_sum = 0.0;
14      start_time = omp_get_wtime();
15  #pragma omp parallel
16  {
17      int i, id = omp_get_thread_num();
18      int numthreads = omp_get_num_threads();
19      double x, partial_sum = 0;
20
21      if (id == 0)
22          nthreads = numthreads;
23
24      for (i = id; i < num_steps; i += numthreads) {
25          x = (i + 0.5) * step;
26          partial_sum += 4.0 / (1.0 + x * x);
27      }
28  #pragma omp critical
29      full_sum += partial_sum;
30  } // end of parallel region
31
32      pi = step * full_sum;
33      run_time = omp_get_wtime() - start_time;
34      printf("\n pi \%f in \%f secs \%d threds \n ",
35          pi, run_time, nthreads);
36  }
```

图 4-11　带有临界区的数值积分。每个线程分配的私有变量用来存储部分和，这些私有变量极不可能存储在相同的 L1 缓存行上，因此，不会出现伪共享。部分和在临界区内部合并，因此不会出现数据竞争

　　表 4-10 显示了使用临界区而不是将 sum 推广到一个数组或用零填充该数组的程序的结果。注意使用临界区的代码的性能与填充数组的方法的性能非常匹配，符合我们的预测，即问题是伪共享。然而，与性能同样重要的是，注意到图 4-11 中的代码更具可移植性（即它不使用依赖于 L1 缓存大小的常量来填充数组），并且更容易理解。

表 4-10 带数组填充和不带数组填充的数值积分程序的运行时间（以秒为单位）加上使用临界区的程序运行时间，串行程序运行时间为 1.83 秒

线程数量	不带数组填充的 SPMD	带数组填充的 SPMD	使用临界区的 SPMD
1	1.86	1.86	1.87
2	1.03	1.01	1.00
3	1.08	0.69	0.68
4	0.97	0.53	0.53

4.4.3.2 栅栏

OpenMP 中最常用的同步结构是栅栏（barrier）。栅栏定义了程序中的一个点，在这个点上，所有线程必须在任意线程通过栅栏之前到达。我们在讨论并行构造结束处的行为时已经遇到了栅栏。当一个线程组到达并行构造内的结构化代码块的末端时，每个线程都会在结构化代码块的末端等待，直到所有线程都到达。然后线程组中的主线程，也就是最初遇到并行构造的线程继续执行，而其他线程则关闭。使用同步构造的术语，我们说一个并行区域的结束隐含着一个栅栏。

如表 4-11 所示，使用 barrier 指令可以在并行区域内的任何地方插入显式栅栏。

表 4-11 C/C++ 和 Fortran 中的显式栅栏。这定义了程序中的一个点，在这个点上，一个线程组中的所有线程必须在任何线程继续执行之前到达

```
#pragma omp barrier
!$omp barrier
```

barrier 指令是一个独立的、可执行的指令，它不与结构化的代码块相关联，因此不是 OpenMP 构造。barrier 定义了与程序执行方式有关的行为。

我们在图 4-12 中提供了一个如何使用显式栅栏的例子。这个程序使用现在熟悉的 SPMD 模式。每个线程调用函数 lots_of_work() 来计算一个结果，并将这个结果放在一个数组元素 Arr[id] 中。注意，在程序的后面，Arr 数组被用作函数的参数。由于我们不知道数组在 needs_all_of_Arr() 内部是如何使用的，必须假设 Arr 的任何元素都可能被任何线程访问，因此，每个线程必须在继续调用 needs_all_of_Arr() 之前完成对 Arr 值的计算。因此，需要一个显式栅栏。

栅栏可能是成本很高的。任何时候线程都在同步构造处等待，有用的工作不会由这些线程完成，这直接转化为并行开销。应该只在算法需要栅栏时才使用它。例如，在图 4-12 中，只有当函数 lots_of_work() 和 needs_all_of_Arr() 内部的计算运行时间太长，以至于与显式栅栏相关的开销无关紧要，这个程序才是合理的。

```
1    double Arr[8], Brr[8];
2    int numthrds;
3    omp_set_num_threads(8)
4    #pragma omp parallel
5    {
6        int id, nthrds;
7        id = omp_get_thread_num();
8        nthrds = omp_get_num_threads();
9        if (id == 0) numthrds = nthrds;
10       Arr[id] = lots_of_work(id, nthrds);
11   #pragma omp barrier
12       Brr[id] = needs_all_of_Arr(id, nthrds, Arr);
13   } // end of parallel region
```

图 4-12　显式栅栏的例子。显式栅栏用于保证所有线程在使用 Arr 计算 Brr 之前完成对
　　　　Arr 的填充。假设我们采用 SPMD 模式，所以需要将线程 id 和线程数传递给所有
　　　　函数。注意，只有在并行区域执行后需要时，一个线程才会将线程数保存到共享
　　　　变量中

在共享内存计算机中，缓存一致性协议可以确保所有线程看到共享内存的共同视图。然而，一致性协议并没有描述内存更新出现在其他线程上的详细时间。这可能会变得相当复杂，正如我们在下一章讨论 OpenMP 内存模型时将看到的那样。对于栅栏（以及临界区），OpenMP 运行时系统会代表程序员处理这些问题。换句话说，一个线程经过同步点时，可以认为 OpenMP 运行时已经完成了支持整个线程组一致的内存视图所需的工作。

4.5　结束语

在本章中，我们讨论了编写有用的多线程程序所需的 OpenMP 中的核心概念，讨论了如何创建线程组（fork）以及之后如何关闭线程组（join）。我们还讨论了线程之间共享数据的最简单规则，以及如何创建线程的私有变量。然后介绍了 SPMD 模式，可以用它实现多种多样的并行算法，并根据线程组中的线程数（omp_get_num_threads()）和线程 ID（omp_get_thread_num()）来划分线程之间的工作。以一个简单的数值积分程序为例，我们探讨了多线程编程中的一些关键性能问题。这使我们进入了同步和在并发线程之间添加排序约束的话题。

你可能会对用我们目前所介绍的一点 OpenMP 知识做这么多事情感到惊讶。还有许多东西需要学习，例如，共享内存如何工作，用额外的构造如何实现共享线程之间的工作，如何管理共享或私有数据的子句等。不过，你可以利用本章所讲的内容进行一些常规的并行编程。

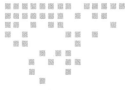

第 5 章

并行化循环

考虑一个将两个向量 a 和 b 相加的简单程序。

```
for (i = 0; i < N; i++) {
    a[i] = a[i] + b[i];
}
```

在第 4 章中，我们学习了如何使用 SPMD 设计模式并行化循环。考虑图 5-1 中向量加法程序的并行 SPMD 版本。我们使用 parallel 构造创建一组线程。在第 5 行查询线程 ID，在第 6 行查询线程数。然后使用线程 ID 和线程数来定义循环迭代的起始（istart)和结束（iend）位置，每个线程负责一个块。在第 9 行，处理了线程数可能不等于循环迭代次数 N 的情况，这是一个值得记住的方便技巧。只需将循环迭代的分块的结束设置为组中最后一个线程的最终循环限制 N 即可。最后，在第 10 行的循环中，运行迭代的分块，每个线程一个分块。

```
1    // OpenMP parallel region and SPMD pattern
2    #pragma omp parallel
3    {
4        int id, i, Nthrds, istart, iend;
5        id = omp_get_thread_num();
6        Nthrds = omp_get_num_threads();
7        istart = id * N / Nthrds;
8        iend = (id + 1) * N / Nthrds;
9        if (id == Nthrds - 1) iend = N;
10       for (i = istart; i < iend; i++) {
11           a[i] = a[i] + b[i];
12       }
13   }
```

图 5-1 SPMD 并行向量加法程序，创建一个线程组，并给每个线程分配循环迭代的一个分块

这种方法是行之有效的，并且正如我们在上一章所看到的那样，它是编写可扩展的多线程程序的有效方法。SPMD 模式可能是并行计算史上最常用的设计模式，但它也容易出错。我们对原来的向量加法循环进行了大量的修改，每增加一行程序代码都是另一个引入错误的机会。我们需要一种更简单的方法来创建一个并行循环。特别是图 5-1 中所示的变换代表了一种我们可以应用于任何数量的循环的直接模式。必须有一种方法使编译器自动进行这种变换。

情况确实如此，我们把这种情况称为循环级并行。图 5-2 中展示了循环级并行的向量加法程序的基本代码。和 OpenMP 一样，必须有一个并行区域来运行一个多线程的程序。并行区域是通过第 2 行的 `parallel` 构造来创建的。紧接着在 `for` 循环之前，有一个指令：

`#pragma omp for`

这个指令使编译器产生类似于图 5-1 所示的代码。循环的迭代定义了与循环相关的工作。这个工作在线程组内共享，因此它们可以并行执行。然而，我们实现这种并行性比使用 SPMD 模式所需的要简单得多，只增加了几个指令。

在一个线程组中拆分循环迭代的指令被称为共享工作循环构造。对于大多数 OpenMP 程序员来说，这个构造是 OpenMP 的精髓。在本章中，我们将阐述如何使用这个构造以及最常用的修改其行为的子句。

5.1　共享工作循环构造

OpenMP 定义了几种共享工作构造。共享工作构造告诉编译器将构造中的工作分配给一组线程。最常用的共享工作构造是共享工作循环构造。如图 5-2 所示，该构造将一个循环的迭代分配给一组线程。

```
1   // OpenMP parallel region and a worksharing-loop construct
2   #pragma omp parallel
3   {
4       #pragma omp for
5          for (i = 0; i < N; i++) {
6             a[i] = a[i] + b[i];
7          }
8   }
```

图 5-2　向量加法程序的循环级并行。我们创建一个线程组，然后添加一个简单指令，在线程之间分割循环迭代

共享工作循环构造的基本语法如表 5-1 所示。注意 C/C++ 中使用的关键字 `do` 与 Fortran 中的关键字 `do` 和 `end　do` 不同。这是 C/C++ 和 Fortran 在 OpenMP 指令名称中唯一的关键字区别。与共享工作循环构造相关的循环紧跟在指令之后。它必须具有以下规范

形式：

```
for (init-expr; test-expr; incr-expr)
   structured block
```

表 5-1 C/C++ 和 Fortran 中的基本的共享工作循环构造。共享工作循环构造在一组线程
中共享循环的迭代。循环在 C 中是用 for 调用的，而在 Fortran 中是用 DO 调用
的。Fortran 不是以分块进行构建的，所以我们需要一个 END DO 指令。可选子句
包括 schedule、reduction 和 nowait，让程序员对循环结构有更多的控制。
我们将在本章后面讨论这些子句。附加子句定义了在共享工作循环中使用的变量的
存储属性。我们将在第 6 章介绍这些内容

```
#pragma omp for [clause[[,] clause]...]
   for-loop
!$omp do [clause[[,] clause]...]
   do-loop
!$omp end do [nowait]
```

OpenMP 通用核心中支持的循环控制索引是一个基本的整数类型[⊖]。它由一个基本的赋
值操作 init-expr 初始化。test-expr 是一个关系表达式，使用常见的关系运算符如 <、<=、>、
或 >= 之一。最后，incr-expression 使用我们熟悉的自增（++）、自减（--）运算符或一个固
定常量的加减整数的表达式。

图 5-3 所示的是一个共享工作循环构造的例子。首先我们需要用第 1 行中的
parallel 构造来创建多个线程，因为 OpenMP 的共享工作循环构造只有在它包含在一个
并行区域内时才会用多个线程运行。第 3 行的 **for** 构造引导编译器生成代码，为紧随 **for**
构造之后的循环在线程组之间分配工作。其结果是，每个线程将负责一个或多个循环迭代
的分块，并为其负责的所有循环迭代调用函数 **NEAT_STUFF(i)**。

```
1  #pragma omp parallel
2  {
3     #pragma omp for
4        for (i = N; i >= 0; i = i − 2) {
5           NEAT_STUFF(i);
6        }
7  }
```

图 5-3 一个并行共享工作循环构造的例子。创建多个线程，然后在多个线程之间分割循环
迭代以共享工作

现考虑循环控制索引 i，每个线程在执行其循环迭代集时都会读取和修改 i 的值。如
果这个变量在线程之间共享，读取和更新将以不可预知的方式发生冲突，导致数据竞争。
因此，OpenMP 要求编译器在生成代码时，让每个线程都有自己的循环控制索引的私有副

⊖ 在更高级的 OpenMP 编程中，循环控制变量可以是随机访问的迭代器类型（在 C++ 中）甚至是指针类
型。我们在 OpenMP 通用核心中不包含这些情况。

本（本例中为 i）。然而，这个规则只适用于紧接着共享工作循环构造的循环。如果有其他循环嵌套在共享工作循环里面，它们的索引将不会被私有化。管理这些循环控制索引是程序员的责任。

对于所有的共享工作构造，在构造的末尾都有一个隐式栅栏。所有的线程都会在共享工作循环构造的结尾处等待，直到所有在该构造上运行的线程组结束。例如，在图 5-3 所示的例子中，在第 6 行有一个隐式栅栏。该栅栏保证了线程间共享的任何变量在并行循环结束后线程组的所有线程都可以使用。

5.2　组合式并行共享工作循环构造

下面的模式是非常常见的，它有一对 OpenMP 构造，一个用来创建线程组，另一个用来分割线程之间的循环迭代：

```
#pragma omp parallel
{
    #pragma omp for
        for-loop
}
```

为了方便起见，这两个指令可以合并为一个指令：

```
#pragma omp parallel for
    for-loop
```

这种组合式构造减少了程序员在将并行循环纳入程序时必须进行的修改次数。我们在表 5-2 中定义了组合式共享并行工作循环构造。

表 5-2　C/C++ 和 Fortran 中的组合式并行共享工作循环构造。该构造创建了一个线程组，并在线程组中分割后续循环的迭代。允许的子句为并行构造或共享工作循环构造

单独的构造	`#pragma omp parallel`
	`{`
	　　`#pragma omp for`
	　　　　`for-loop`
	`}`

组合式构造	`#pragma omp parallel for` 　　`for-loop`

单独的构造	`!$omp parallel`
	　　`!$omp do`
	　　　　`do-loop`
	　　`!$omp end do`
	`!$omp end parallel`

组合式构造	`!$omp parallel do`
	　　`do-loop`
	`!$omp end parallel do`

5.3 归约

考虑图 5-4 中的程序。我们创建一个数组 A，然后通过调用函数 InitA() 来初始化它。然后，我们在数组中移动，将数组元素的值累加到一个单一的变量 ave 中。在这种情况下，我们再除以数组的长度来计算平均数，但这种一般模式经常出现在我们要处理的循环中。问题是，在这个例子中，变量 ave 定义了一个循环携带依赖性；即在任何给定循环的迭代中计算的 ave 值都依赖于前面迭代产生的值。使用 OpenMP 共享工作循环构造，无法（除非像我们在 SPMD 模式中那样重组循环体）解决这种依赖性，并使循环迭代独立以便它们能够并行执行。

```
1   int i;
2   double ave = 0.0, A[N];
3
4   InitA(A, N);
5
6   for (i = 0; i < N; i++) {
7       ave += A[i];
8   }
9   ave = ave/N;
```

图 5-4 一个串行归约的例子。这个循环通过变量 ave 出现循环携带依赖性。因此，在不完全改变循环主体的情况下，不能用共享工作循环指令来并行化这个循环（就像我们在第 4 章的 SPMD 例子一样）

图 5-4 所示的情况极为常见，它们被称为归约。为了处理这种情况，我们在 OpenMP 中增加了一个 reduction 子句。

```
reduction(op:list)
```

其中，op 是一个基本的标量运算符，如 +、*、-、min、max，再加上逻辑运算符和位运算符。list 是共享内存中由逗号分隔的变量列表（即组中所有线程都可以看到这些变量的值）。我们在图 5-5 中展示了将图 5-4 中的程序借助归约运算符进行并行化的情况。OpenMP 将为每个线程创建变量 ave 的一个私有副本。这个新的私有变量被初始化为零（运算符 + 的同一性）。然后每个线程计算 A[i] 的部分和，并更新其局部变量 ave。然后在循环完成之后，在循环结尾处，线程退出栅栏之前，将 ave 的部分和与全局副本 ave 的原始值合并，产生最终值。

```
1    int i;
2    double ave = 0.0, A[N];
3
4    InitA(A, N);
5
6    #pragma omp parallel for reduction (+:ave)
7        for (i = 0; i < N; i++) {
8            ave += A[i];
9        }
10   ave = ave/N;
```

图 5-5 OpenMP 的归约。每个线程都有变量 ave 的一个私有副本，用于循环迭代。在循环结束时，这些值会被合并起来以创建归约的最终值，然后再与全局可见的共享的变量 ave 副本合并

为了有效地使用归约子句，了解 OpenMP 如何管理归约的具体细节很重要。

`reduction(op:var)`

对于列表中的每个变量（归约变量），系统将为每个线程创建一个同名的私有变量。此时，我们要区分包含归约子句构造之前就存在的原始变量和每个线程本地的新私有变量。每个线程将其私有变量的副本初始化为子句中指示的运算符（`op`）的隐含初始值（见表 5-3）。一旦私有变量被创建和初始化，构造体内部的代码就会照常执行。当一个线程完成其工作时，它在构造体末端的栅栏处等待。在线程完成构造并退出栅栏之前，利用归约子句中的 `op` 将每个线程的归约变量的本地副本合并在一起产生最终的归约值，然后利用 `op` 将其与原始变量合并，产生最终结果。

表 5-3　归约运算符和初始值。归约时可使用多种结合性运算符，在本表中，我们展示了 OpenMP 通用核心中使用的运算符及其归约变量的初始值

运算符	初始值
+	0
*	1
−	0
min	最大正数
max	最大负数

需要注意的是，在循环内部，每个线程运行的带有归约变量的操作不需要使用归约子句中指定的运算符。例如，在图 5-5 中，循环的主体完全可以包含 `ave*= A[i]` 这样的语句。在归约子句中指定的运算符只能用来：（1）初始化归约变量，（2）在并行循环结束时，将每个线程的本地副本合并成最终值。

有一些归约的细节需要了解。由于归约所隐含的操作与归约变量的管理方式紧密耦合，所以在一个归约子句中只能指定一个操作符。因此，允许有多个归约子句，但一个给定的变量只能出现在一个归约子句中。

极其重要的一点是，OpenMP 对于如何合并部分和的结果的具体实现并没有在 OpenMP 规范中定义。具体实现可能会使用 `critical` 构造、二进制树或其他一些方案。由于浮点运算不是严格意义上的结合性运算，这意味着归约的结果可能会因程序的不同运行而不同[⊖]。

表 5-3 列出了常用的归约运算符，以及它们在初始化归约变量时的值。在归约子句中使用的运算符必须是结合性的，最常用的运算符是加法（+）和乘法（*），这两个运算符的隐含的初始化值分别为 0 和 1。`min`（最大正数）和 `max`（最大负数）的初始化值可能是与系统相关的值。

归约是一种强大的能力。OpenMP 包括用户定义的归约和对数组区段的归约。然而，

⊖　与普遍的误解相反，这不是 OpenMP 中的错误。除了极少数的例外情况，如果一个程序的结果由于改变归约的顺序而产生的变化很重要，那么这个算法在数值上是不稳定的。要怪就怪算法和数据，而不是 OpenMP。

我们并没有将它们纳入通用核心，因为它们引起了一些复杂的问题，最好在掌握了通用核心级别的归约之后再解决。

5.4　循环调度

当我们使用共享工作循环构造时，由编译器来选择如何在线程之间分割一个循环。程序员对算法的了解往往远远超出了编译器所能推断的范围。因此，我们添加了一个可以放在共享工作循环构造上的子句，以提供更多关于如何将循环迭代调度到线程上的控制。这是用 schedule 子句完成的。

在 OpenMP 通用核心中，包含了两个最常用的 schedule 子句：static 和 dynamic。schedule 子句的语法为：

```
schedule(static[, chunk])
schedule(dynamic[, chunk])
```

可选的分块（chunk）大小定义了构成调度的基本单元的循环迭代次数。分块大小可以是一个在编译时已知的值，也可以是一个在运行时计算的含有共享变量的整数表达式。然而，重要的是，在任何给定的调度中，所有线程看到的 chunk 大小的值都是相同的，这样编译器的调度对一个线程组中的所有线程是一致的。

在下面的两个小节中，我们将介绍静态和动态调度：即 OpenMP 通用核心支持的两个调度。

5.4.1　静态调度

共享工作循环构造上的静态调度指示编译器在"编译"时将循环迭代映射到线程上的调度方式。当没有提供分块大小时，编译器会将循环迭代分解成与线程总数相等数量的分块，并为每个线程分配一个分块。因此，schedule(static[,chunk]) 基本上就像图 5-1 中手动完成的那种循环划分。

如果指定了分块大小，那么 OpenMP 将把循环分成连续的指定大小的迭代分块。这些分块会以轮询调度的方式分配给每个线程，类似于给线程组发一副牌。例如，如果有 M 个分块，总共有 N 个线程，那么线程 0 将得到第一个分块，线程 1 将得到第二个分块，……，线程（N–1）将得到第 N 个分块，然后返回到线程 0，它将得到第（N+1）个分块，线程 1 将得到第（N+2）个分块，……，以此类推，直到线程 mod(M,N)–1 得到最后第 M 个分块。

通过静态调度，编译器生成代码，依据循环中的迭代次数和分块大小将循环迭代分配给线程。解析表达式实现了创建一个良好均衡负载的逻辑（即显式静态的负载均衡）。由于这些决定是在编译时固定的，因此减少了调度开销，程序可能会运行得更快。

选择与静态调度一起使用的最佳分块大小可能很复杂。在实践中，应该尝试一系列的分块大小，然后选择一个最有效的分块大小。小的分块有其优势，小的分块意味着调度器将有更多的分块可以使用。这些将使用轮询调度或循环分配的方式来分配。这种策略可以将每次迭代运行时间的变化均匀地分散在线程组中。然而，更大的分块可以很好地与缓存层次结构配合，并增加数据从缓存中重用的机会。此外，与确定性的内存访问模式相结合的较大的分块能够支持编译器可能插入代码的内存预取指令。在小分块（负载均衡）和大分块（内存定位）之间取得适当的均衡，可以大大提高性能。

图 5-6 是一个使用静态调度的并行化循环的例子。每个循环迭代的计算时间大致相同，所以这个循环在使用静态调度时应该可以很好地工作。我们稍后将回到这个例子，并考虑修改第 19 行的 schedule 子句。

```
1   #include <stdio.h>
2   #include <math.h>
3   #include <omp.h>
4
5   #define ITER 100000000
6   void main()
7   {
8       int i;
9       double A[BIG_NUM];
10      for (i = 0; i < ITER; ++i)
11          A[i] = 2.0*i;
12
13  #pragma omp parallel
14      {
15          int i;
16          int id = omp_get_thread_num();
17          double tdata = omp_get_wtime();
18
19          #pragma omp for schedule(static)
20          for (i = 1; i < ITER; i++) // notice i starts from 1 since
21                                     // the denominator below cannot be 0
22              A[i] = A[i] * sqrt(i) / pow(sin(i), tan(i));
23          tdata = omp_get_wtime() - tdata;
24
25          if (id == 0) printf("Time spent is %f sec \n", tdata);
26      }
27  }
```

图 5-6　使用静态调度的共享工作循环。在这个例子中，每个循环索引的工作都是可预测且
　　　　均衡的。在这种情况下，使用静态调度预计得到的效果最好

5.4.2　动态调度

当循环迭代的运行时间大致相同时，静态调度能够很好地适用于这种情况。当循环迭代具有可预测的运行时间时，它也很有用。因为静态调度可以将它们按长期运行的迭代到短期运行的迭代进行排序，从而支持小分块的良好均衡的共享工作循环执行。然而，静态调度在两种不同的情况下会遇到麻烦。

首先，每次循环迭代的工作量可能有很大的变化。例如，自适应网格细分和粒子模拟算法每次迭代的工作量根据网格点的密度或任何特定单元中的粒子数量而变化很大。

其次，如果系统中的处理器以不同的速度运行，调度器无法考虑到这种差异。有些线程会比其他线程完成工作的速度快得多，这取决于哪些迭代被分配给慢速处理器，哪些被分配给快速处理器。

在这两种情况下，每次循环迭代的工作量只有在运行时才知道。静态调度不可以均衡每个线程在计算过程中花费的时间。而且由于线程组要等到最慢的线程完成工作后才会结束，所以线程之间的这种负载不均衡会导致程序的整体速度变慢。对于这些情况，需要自动的、动态的负载均衡。这在 OpenMP 中用 schedule(dynamic[,chunk]) 来指定。

在动态调度中，循环迭代被分解为分块。每个分块的循环迭代次数由子句中的 chunk 参数的值给出，如果没有提供 chunk 参数，则默认值为 1。每个线程被分配给其初始分块。当一个线程完成所分配的分块的工作时，检查等待执行的分块队列，抓取下一个分块，并进行相关的计算。这种情况一直持续到所有的分块都被计算完毕。将分块分配给线程是在运行时进行的，因此系统可以适应计算中的可变性来源。

图 5-7 是一个带有动态调度的共享工作循环的例子。函数 isprime() 的计算时间随着函数参数 num 的变化而变化。在本节后面，我们将展示当改变第 28 行来选择不同的调度时的性能比较。

```
1    #include <stdio.h>
2    #include <math.h>
3    #include <stdbool.h>
4    #include <omp.h>
5
6    #define ITER 50000000
7
8    bool check_prime(int num)
9    {
10       int i;
11       for (i = 2; i <= sqrt(num); i++) {
12          if (num % i == 0)
13             return false;
14       }
15       return true;
16   }
17
18   void main( )
19   {
20       int sum = 0;
21
22       #pragma omp parallel
23       {
24          int i;
25          int id = omp_get_thread_num();
26          double tdata = omp_get_wtime();
27
28          #pragma omp for reduction (+:sum) schedule(dynamic)
29          for (i = 2; i <= ITER ; i++) {
30             if (check_prime(i)) sum++;
31          }
32          tdata = omp_get_wtime() - tdata;
33
34          if (id == 0) printf("Number of prime numbers is %d in
35                      %f sec \n", sum, tdata);
36       }
37   }
```

图 5-7　一个带有动态调度的共享工作循环。在这个程序中，每次迭代的工作是高度可变的。动态调度应能更好地均衡各线程组的负载

由于动态调度是在运行时进行的，所以调度的开销比静态调度高。对于一个循环来说，完成每次迭代的时间是高度可变的，动态调度的更大调度开销可能会得到回报，因为它会带来更好的负载均衡，特别是当每次迭代的计算时间相对于管理调度开销的时间很大时。

5.4.3 选择一个调度

表 5-4 总结了 schedule 子句。我们将介绍这些子句的语法、其特点以及何时使用它们。

表 5-4　共享工作循环构造的 schedule 子句。schedule 子句影响了循环迭代如何映射线程上。本表总结了这些子句的语法、特点以及何时使用它们

schedule 子句	静态调度	动态调度
语法	**schedule(static**[, *chunk*]**)**	**schedule(dynamic**[, *chunk*]**)**
Default	每个线程 1 个分块	*chunk* size=1
何时使用	可预测的，每次迭代工作中的小变化	不可预测的，每次迭代都是高度可变的工作
特点	最少在运行时工作。编译时有调度逻辑集合	大多数在运行时工作。运行时有复杂的调度逻辑

如果程序员没有为共享工作循环构造指定一个 schedule 子句，编译器会选择使用哪种调度。在这种情况下，OpenMP 规范不要求任何特定的调度，它由实现者选择一个合适的调度。

使用 OpenMP 的挑战之一是均衡各线程的负载。例如，如果一个线程在 1 分钟内完成工作，而最慢的线程在 20 分钟内完成，那么从观测结果上看，整个程序需要 20 分钟才能完成。dynamic 调度提供了自动负载均衡，然而，其运行时调度开销比使用 static 调度观察到的开销要高得多。一个通常效果很好的折中的方法是使用 static 调度与适度的分块大小。分块有效地将迭代空间分散在线程之间，且为每个线程分配许多分块。从统计学的角度来说，如果各迭代之间的变化不是太大，而且是大致随机分布的，那么实现的整体调度虽然不是最优的，但往往是"足够好"的。在非最优静态调度中所失去的，将由更低开销的调度决策来补偿。

在实践中，程序员会对不同的调度进行实验，针对运行在特定平台的 OpenMP 具体实现上的特定问题，以找到最有效的调度方式和分块大小。以"经验法则"为指导，为使用哪种调度提供了一个很好的起点，但最佳的调度是一个考虑缓存的数据复用、内存预取、向量化，以及算法均衡负载需求的复杂混合体。OpenMP 程序员需要尝试一系列的调度和分块大小以找到最适合每种情况的方法。例如，在表 5-5 中，展示了图 5-6 所示的示例代码在使用静态和动态调度及几种不同的分块大小时的性能结果。

表 5-5　图 5-6 所示的代码以秒为单位的运行时间。我们用不同的调度和不同的线程数来
　　　　运行程序，使用在 Intel　Xeon E5-2698 v3 CPU @ 2.30GHz 上的 GNU 编译器
　　　　7.3.0。我们使用编译器优化级别为 -O3，串行执行时间为 11.08 秒

调度方法	线程数			
	4	8	16	32
default	2.86	1.60	0.90	0.69
static	2.84	1.57	0.90	0.67
static,1	2.83	1.55	0.95	0.75
static,8	2.93	1.61	0.95	0.73
static,20	2.92	1.67	0.93	0.73
dynamic	14.35	12.58	9.25	7.75
dynamic,8	5.81	2.96	2.33	0.86
dynamic,20	3.66	1.90	1.03	0.70

在这个例子中，图 5-6 第 19 行的 schedule 子句被表 5-5 第一列中列出的调度所取代。第 20 行至第 22 行的循环迭代中，每次迭代的运行时间相似。预计静态调度将是最合适的。表 5-5 中的数据证实了这一预期，静态调度的运行时间为 2.84 秒，比动态调度的运行时间 14.35 秒要快得多。对于不同的分块大小，我们看到默认情况下（每个线程一个大分块）与使用分块大小为 1、8 或 20 的静态调度运行时间相似。

请注意，schedule(static,1) 这种情况实际上是循环迭代的周期分配，如图 4-6 所示。而没有写明分块大小的 schedule(static) 实际上是块状分配，如图 4-7 所示。在这个例子中，我们看到周期分配和块状分配的差别不大。块状分配对于利用缓存局部性和内存预取更为有效。在编译器向量化的情况下，它也比周期分配效果更好。我们看到这两种情况几乎没有什么区别，这是有道理的，因为有关代码并没有从缓存重用中获益（即数组操作常见的空间重用与此代码无关），而且本例中的具体操作不太可能有效利用向量单元。

表 5-6 列出了图 5-7 中的示例程序使用静态和动态调度以及采用几个不同的分块大小时的结果。

在这个例子中，图 5-7 第 28 行中的 schedule 子句被替换为表 5-6 第一列中列出的调度。由于 check_prime 函数的运行特点，第 29 行至第 31 行的循环迭代运行的时间量差别很大。我们希望这个程序能从动态调度中受益。考虑 8 个线程的列，在这些情况下，动态调度对于分块小的程序更好。对于较大的分块，这些优势就会消失。考虑 schedule(static,8) 的情况，这种情况下的性能与各种动态调度相似。这与通常使用小分块的静态调度来实现统计上良好的负载均衡，并在运行时具有合理的低的调度开销的做法是一致的。

表 5-6　图 5-7 所示的代码以秒为单位的运行时间。我们用不同的调度和不同的线程数来运行程序，使用在 Intel XeonHaswell 处理器 E5-2698 v3 @ 2.30GHz 上的 GNU 编译器 7.3.0 。我们使用编译器优化级别为 -O3，串行执行时间为 48.37 秒

调度方法	线程数			
	4	8	16	32
default	16.45	8.75	5.02	3.40
static	16.58	8.80	4.99	3.28
static,1	24.38	12.23	6.75	3.94
static,8	12.26	6.72	3.88	2.28
static,20	12.38	6.74	3.85	2.08
dynamic	12.61	6.89	4.15	3.37
dynamic,8	12.59	6.77	3.80	2.29
dynamic,20	12.37	6.73	3.78	2.69

5.5　隐式栅栏和 nowait 子句

共享工作构造在构造结束时有一个隐式栅栏。这使得线程在构造的结尾处等待，直到线程组中的所有线程都完成了工作。因此，当线程执行到构造结束之后，可以认为共享工作构造内部的计算已经完成，并且构造内部更新的任何变量都可以供其他线程使用。这种行为是安全的（即不易出错），并且支持程序的明确语义。

在 OpenMP 中，使构造的默认行为成为更安全的行为是一个普遍的目标。然而，栅栏是一种成本较高的同步操作。由于在任何线程可以继续之前，所有的线程必须到达栅栏，因此任何负载不均衡或单个慢线程都会耽误整个线程组，并大大增加并行开销。

当程序的语义要求使用栅栏时，就需要它存在。然而，在优化并行程序的性能时，重要的是只在算法需要时使用栅栏，而在安全的情况下跳过它。尤其在想扩展到大量的线程时。

如果可以确定在一个共享工作构造的结尾不需要栅栏，那么需要一种方法来禁用它。对于共享工作循环构造，可以通过一个 nowait 子句来实现。对于 C/C++，nowait 子句放在共享工作循环构造上：

```
#pragma omp for nowait
```

在 Fortran 中，nowait 被放在 end do 指令上：

```
!$omp for
   ... do-loop
!$omp end do nowait
```

我们将在图 5-8 中说明 nowait 子句的使用。在这个程序中，有三个大的数组 A、B、C。在并行区域里面，我们首先得到线程的 id，然后用现在熟悉的 SPMD 设计模式调用函数 big_calc1(id)，将结果写入数组 A 中。

```
1    double A[big], B[big], C[big];
2
3    #pragma omp parallel
4    {
5        int id = omp_get_thread_num();
6        A[id] = big_calc1(id);
7
8        #pragma omp barrier
9
10       #pragma omp for
11       for (i = 0; i < N; i++) {
12           C[i] = big_calc3(i,A);
13       }
14
15       #pragma omp for nowait
16       for (i = 0; i < N; i++) {
17           B[i] = big_calc2(C, i);
18       }
19
20       A[id] = big_calc4(id);
21   }
```

图 5-8 使用带有共享工作循环的 nowait 子句。在这个例子中，我们探讨了栅栏的必要性以及可以使用 nowait 子句进行禁用的情况

在程序后段中，A 被用来调用函数 big_calc3(i,A) 以计算 C。为了保证每个线程都完成了对 A 的值的更新，需要在计算完 A 后马上设置一个显式栅栏。

在程序中往下看，我们注意到在下面的循环中，数组 C 被用于计算 B，因此，我们必须保证每个线程在开始计算 B 的循环之前完成对 C 的更新。这种栅栏同步是通过第 13 行循环末尾的隐式栅栏实现的。

再一次，在程序中往后看，我们注意到在并行区域内不需要再使用数组 B。因此，第 18 行循环结束时的隐式栅栏是不必要的，我们可以通过在第 15 行添加 nowait 子句来关闭它。任何在第 17 行完成更新 B 的线程都是安全的，并可以继续在第 20 行开始计算 A。

沿着 A 的计算，我们来到了并行区域的结尾。在这儿也隐含着一个栅栏。这个栅栏是无法关闭的。这是因为当一个并行区域结束时，所有线程都必须完成它们的工作并执行合并，然后只有主线程继续。因此，在主线程继续之前，所有线程都必须到达这个隐式的栅栏，而且无法在并行区域结束时关闭这个隐式的栅栏。

程序员必须非常小心地使用 nowait 子句。OpenMP 是一个显式 API。如果在实际需要一个栅栏时用 nowait 关闭了它，OpenMP 无法可靠地检测到错误。同步化错误是并行编程中最难检测的错误之一，因为它们可能会导致竞争条件，即程序输出根据线程调度的

细节而改变的非确定性错误。因此，我们建议在恰当的地方保留栅栏，只有在验证了程序的正确性后才添加 nowait，在删除任何隐式的栅栏后再次验证程序。

5.6 带有并行循环共享工作的 Pi 程序

考虑我们所研究过的 Pi 程序，在第 4 章中，我们用带周期分配的循环迭代的 SPMD 模式（图 4-6）、带块状分配的循环迭代的 SPMD 模式（图 4-7）、带填充且去除伪共享的 SPMD（图 4-9）和带 critical 构造的 SPMD（图 4-11）来并行化程序。在所有这些版本的程序中，程序员必须明确地在线程之间分配循环迭代，并实现归约（即把部分和合并成一个单一的全局和）。

通过共享工作循环构造，我们可以使用一种简单而优雅的方法来并行化循环。在这里，我们让编译器管理循环迭代在线程中的分配并进行归约。这个版本的程序如图 5-9 所示。

```
1    #include <stdio.h>
2    #include <omp.h>
3
4    #define NTHREADS 4
5
6    static long num_steps = 100000000;
7    double step;
8
9    int main()
10   {
11       double x, pi, sum = 0.0;
12       double start_time, run_time;
13       int i;
14
15       step = 1.0 / (double) num_steps;
16       omp_set_num_threads(NTHREADS);
17       start_time = omp_get_wtime();
18
19       #pragma omp parallel
20       {
21           double x;
22
23           #pragma omp for reduction(+:sum)
24           for (i = 0; i < num_steps; i++) {
25               x = (i + 0.5) * step;
26               sum += 4.0 / (1.0 + x * x);
27           }
28       }
29       pi = step * sum;
30       run_time = omp_get_wtime() - start_time;
31       printf("pi is %f in %f seconds \n", pi, run_time);
32   }
```

图 5-9 带有共享工作循环和归约的 Pi 程序。该程序通过用矩形填满曲线下的面积并将其面积相加来计算函数的积分。循环迭代由编译器在共享工作循环构造的指导下在线程中进行划分。归约为每个线程创建一个私有的 sum 副本，并将它初始化为零，将部分和累加到 sum 变量中，然后合并部分和以生成全局总和

请注意，通过共享工作循环，我们改变了图 4-5 所示的原始顺序代码中极少的代码行

数，主要是增加了两个 pragma：第 19 行 `#pragma omp parallel` 和第 23 行 `#pragma for reduction(+:sum)`。我们添加的其他行代码是用于打印最终结果和设置（和 "获取"）线程数。

程序从分叉一组线程以执行并行区域开始。

我们为每个线程定义一个局部变量 x。然后我们会遇到共享工作循环构造。由共享工作循环构造自动为每个线程创建一个循环迭代计数器 i 的私有副本。当遇到共享工作循环构造时，变量 sum 在线程之间是共享的，但由于归约子句 `reduction(+:sum)`，每个线程在计算其部分和时都会得到 sum 的私有副本。然后在共享工作循环构造后，每个线程的部分和都会被合并成一个全局和，然后再与原来的全局副本进行合并。正是这个并行区域后的 sum 的共享副本被用来计算 Pi。

表 5-7 的最后一列显示了使用图 5-9 中的共享工作循环程序的结果。与 SPMD 版本的程序相比，这个版本的程序有一些额外的开销。这个 OpenMP 的开销来自管理工作循环所需的代码。然而，鉴于共享工作循环版本的程序编写更简单，更容易维护且更接近于串行代码，因此整体性能相当不错。此外，实际应用（相对于简单的 "Pi 程序"）的运行时间要比 1~2 秒长得多，所以这种额外开销的影响可以忽略不计。

表 5-7 数值积分程序运行时间，以秒为单位，包括有 / 无数组填充、使用临界区和使用并行共享工作循环。串行程序（无 OpenMP）的运行时间为 1.83 秒

线程数量	第 1 个 SPMD	有数组填充的第 1 个 SPMD	使用临界区的 SPMD	使用并行共享工作循环的 Pi 循环程序
1	1.86	1.86	1.87	1.91
2	1.03	1.01	1.00	1.02
3	1.08	0.69	0.68	0.80
4	0.97	0.53	0.53	0.68

为了理解这些结果，请考虑加速比，即串行程序与各种并行程序的比率。理想情况下，加速比应该等于线程数（即完美的线性加速）。

由于伪共享，当把在第 1 个 SPMD 程序中的 sum 推广到一个数组时，加速比很差。当我们对 sum 数组进行填充以确保没有两个连续的元素在同一缓存行中时，性能就会好很多。我们使用了临界区来消除伪共享而免去填充数组的尴尬。由于临界区产生的结果与填充数组的情况结果相似，这种方法能够很好地运行。

5.7 一种循环级并行策略

在本节中，我们将考虑程序员经常使用的循环级并行和 OpenMP 的策略。我们从一个

由一系列循环主导的应用程序开始。我们假设起点是一个串行程序，或者可能是一个 MPI 程序，我们要添加 OpenMP 以在"一个节点上"利用并行性。

第一步是找到计算密集型的循环，这样并行的好处将能抵消 OpenMP 调度的开销。为此，我们建议使用 OpenMP 概要分析工具，文档地址为：

https://www.openmp.org/resources/openmp-compilers-tools/

接下来，检查这些循环，看看它们是否基本可以并行执行。换句话说，循环是否包含可以用来并行执行的并发性？在大多数情况下，循环会包含一些循环携带依赖关系。我们通过改造循环来显露出并发性使得它们是独立的，并且可以以任何顺序执行。这包括寻找和利用归约，将用增量更新的变量替换成由循环控制索引计算出来的变量，将只读、共享的数据私有化以及其他语义中性转换，使循环迭代独立。

例如，考虑图 5-10 中的程序。由于第 5 行定义 j 的方式，这个程序包含了一个具有携带依赖性的循环。下一次迭代的 j 依赖于当前迭代的 j。对于这个例子，我们可以直接用表达式 j=5+2*(i+1) 来计算 j，以解决这种依赖性。现在 j 只依赖于循环索引 i，循环携带的依赖性被去除。

```
1   // Sequential code with loop dependence
2   int i, j, A[MAX];
3   j = 5;
4   for (i = 0; i < MAX; i++) {
5       j += 2;
6       A[i] = big(j);
7   }
8
9   // Parallel code with loop dependence removed
10
11  int i, A[MAX];
12  #pragma omp parallel for
13      for (i = 0; i < MAX; i++) {
14          int j = 5 + 2*(i+1);
15          A[i] = big(j);
16      }
```

图 5-10 循环依赖性示例。第一个循环是连续的且包含一个循环携带依赖性，一个循环索引的 j 值取决于前一个循环索引的 j 值。在第二个循环的并行代码中，通过计算循环控制索引中的 j 来消除循环依赖性

测试循环迭代是否真正独立的一个有用的技术是通过交换起始条件和结束条件来反向执行循环。如果循环的反向遍历产生的结果与正向遍历相同，那么这个循环很可能（虽然不能保证）没有循环携带的依赖性。

一旦循环没有了循环携带依赖性，可以通过添加 OpenMP 指令来利用并发性，将串行程序变成并行程序。在很多情况下，可以通过添加如下指令来实现：

#pragma omp parallel for

如果循环包括归约，则在共享工作循环指令中添加归约子句。

作为最后一步，应该尝试使用不同数量的线程和循环调度来优化程序。密切关注隐式栅栏，看看是否可以用 `nowait` 子句安全地关闭它们。只有在有效的测试机制之后，才可以尝试使用 `nowait` 子句，这样就可以验证在删除栅栏时没有引入任何竞争条件。

5.8　结束语

并行循环是 OpenMP 的核心和灵魂。大多数 OpenMP 程序员很少超越基本的并行共享工作循环——循环组合构造。他们找到最耗时的循环，改造它们使其循环迭代是独立的，添加并行共享工作循环指令，然后称并行化工作"完成"。

然而，我们建议程序员超越琐碎的共享工作循环构造。花时间思考负载均衡和其他性能问题，可能得到很好的回报，并带来更好的加速比。程序员应该花时间试验不同的循环调度，考虑循环主体中的数据结构以及这些结构如何映射到多处理器系统的缓存上。这些信息会对能极大地提高性能的调度子句的分块大小提供建议。

性能是我们的目标，但重要的是要采用规范的策略来通过一系列不同的转换将一个串行程序转换为一个并行程序。在每次转换后，测试程序，并花时间说服自己，程序在每个开发阶段都是正确的。当调试并行循环时，这可以得到巨大的回报。

OpenMP 数据环境

回顾一下我们在 OpenMP 通用核心这个旅程中的进展。我们从线程开始，学习了如何创建线程以及如何使用它们。线程是一个执行实体。它执行程序中的语句，并修改存储在内存中的项。在内存中，一个项驻留在一个指定的地址。我们为这个地址指定一个名称，并称其为变量。换句话说，内存只是程序中变量的集合，这些变量对程序的不同元素可见。变量是地址的名称，所以我们经常把内存描述为一个地址空间。

OpenMP 程序使用并行构造来创建一个线程组。所有在并行构造内执行的代码称为并行区域（parallel region）。仅仅使用一个并行构造，所有线程执行相同的代码，我们就可以完成很多事情。这些算法被称为使用 SPMD 模式。另外，我们也可以在并行区域里使用共享工作循环构造，在线程组中分配工作。所有在共享工作循环里面执行的代码都定义了一个共享工作循环区域。围绕共享工作循环构造定义的算法使用循环级并行模式。在 SPMD 模式和循环级并行模式下，线程在一个区域（并行区域或共享工作循环区域）内工作时执行代码。我们把线程执行一个区域时可见的变量集称为该区域的数据环境。

OpenMP 线程可以访问共享的地址空间和该线程私有的地址空间。因此，OpenMP 通用核心中的变量可以被分配两种存储属性之一：私有或共享[⊖]。如果一个变量可以被一个线程访问，而组中的其他线程没有办法看到这个变量，那么这个变量就是私有的，或者等价于线程的局部变量。当一个组中的所有线程都可以访问该变量时（即既可以读也可以写该变量），我们说该变量是共享的或全局的。

⊖ OpenMP 中还有第三个存储属性，但没有包含在通用核心中。它被称为 threadprivate 属性，将在 10.2.1 节中介绍。

我们已经说过，如果一个变量是在并行区域之前声明的，那么它将在一个组的线程中共享。如果一个变量是在与并行构造相关联的结构化块内声明的，那么它是每个线程的私有变量。这对简单的规则规范了我们在 OpenMP 中的大部分工作，并且足以满足广泛的并行算法。

但是也有例外，一些极端情况需要对默认规则进行进一步阐述。此外，有些时候，程序员需要改变数据环境，直接修改变量的存储属性。在本章中，我们将讨论与 OpenMP 通用核心数据环境有关的全部问题。首先我们将全面详细地探讨默认规则，以便为程序中的任何变量分配正确的存储属性。然后我们将介绍 OpenMP 通用核心中用于修改数据环境的一组子句。

6.1 缺省存储属性

OpenMP 是一个共享内存编程模型，大多数变量都是默认共享的。为了理解共享内存的含义，我们需要了解操作系统如何看待线程。

当程序被启动时，操作系统会创建一个进程来运行程序。该进程包含一个或多个线程、线程可见的内存块（通常以堆的形式管理）以及与系统交互所需的任何其他资源。变量从进程管理的堆内存中开始。它们对所有的线程都是可见的，因此，可以说是共享的。

一个进程创建（或分叉出）一组线程。每个线程创建时都有自己的程序计数器，以及线程本地的内存块（通常以栈的形式管理）。线程栈中的变量只有该线程能看到，因此它们是线程的私有变量。

现在我们将考虑 OpenMP 变量的默认存储属性和常见的异常情况。最基本的规则是，在内存中声明的变量在所有线程中都是可见的，是共享的。这个内存是由进程管理的堆。在并行区域之前声明的变量被放在该进程 - 内存中，是共享的。

基础语言中全局范围的变量在线程之间是共享的。例如，C/C++ 中的文件范围变量是共享的。这些变量是在主程序之前声明的，因此对该编译单元中声明的所有函数都是可见的（因此它们被称为“文件范围”）。在 C/C++ 中，用静态存储类声明的变量是共享的。在 Fortran 中，公共块中的变量、保存变量和模块变量凡是被声明的都是共享的。在 Fortran（通过 allocate）和 C/C++（通过 malloc 或 new）中，通过动态分配的内存中的堆变量，对于进程内包含的线程组而言，它们是共享的。

然而，并非所有的变量都是默认共享的。如果一个变量在线程的栈上，它对该线程来说是私有的。Fortran⊖子程序或从并行区域调用的 C/C++ 函数中的栈变量是私有的。语句

⊖ Fortran 不要求子程序的变量在栈上管理，除非子程序被指定为 RECURSIVE。OpenMP 编译器通常隐式指定 RECURSIVE。

块内或函数体内声明的变量是自动变量。这些都在栈内存上，所以它们是私有的。共享工作循环构造上的循环索引也是私有的。如果一个变量是在并行区域内部声明的，则它是每个线程的局部变量，所以它是私有的。

一个简单的思路是，进程堆中分配的变量是共享的，而线程栈上的变量是私有的。

在图 6-1 中，我们提供了一个例子，说明了缺省存储属性的规则。

```
1    // File #1:
2    double A[10];
3    int main()
4    {
5        int index[10];
6        #pragma omp parallel
7            work(index);
8        printf("%d\n", index[0]);
9    }
10
11   // File #2:
12   extern double A[10];
13   void work(int *index) {
14       double temp[10];
15       static int count;
16       ...
17   }
```

图 6-1　缺省存储属性的一个例子。A、index、count 是共享变量，因为 A 是文件范围变量，
　　　　index 是在并行区域之前定义的，count 是静态变量；temp 是私有变量，因为
　　　　它是在并行区域内部声明的

在这个例子中，我们看到，在并行区域创建任何线程之前，变量 A、index 和 count 都被放在进程的内存中。根据 OpenMP 中变量的存储属性规则，这些变量在该进程所创建的线程中是共享的。数组 A 是在主程序之前定义的，因而它是一个文件作用域变量，所以它具有全局作用域。index 是在主程序内部声明的，但在并行区域之前，它对该进程创建的任何线程都是可见的。变量 count 被声明为 static，所以它的存储类被显式声明为静态，使其成为一个共享变量。所有的线程都可以看到变量 A、index 和 count，它们是共享的。

在主程序中，声明了一个维度大小为 10 的数组 index。我们创建一个并行区域，并调用函数 work()，将 index 作为参数。在文件 #2 中，A 是函数 work 的外部变量，也就是说函数期望找到一个外部文件范围变量 A[10]。在函数 work() 内部，index 被传递为指向数组引用的指针。然后我们在这个函数里面声明一个 temp 数组和一个静态变量 count。

由于 temp 是在函数 work() 内部声明的，所以它驻留在函数的栈中，并存储在每个线程的栈内存中。因此，每个线程都会有自己的 temp 的私有副本。

当用 3 个线程运行这个程序时，每个线程可见的变量如图 6-2 所示。3 个线程都能看到并行区域内的 A、index 和 count，因为它们是共享变量。变量 temp 是每个线程的私有变量，也就是说，每个线程都有自己的 temp 副本。在函数 work() 结束时，temp 会退出作用域。因此，在并行区域退出后，只有 A、index 和 count 对主线程可见。

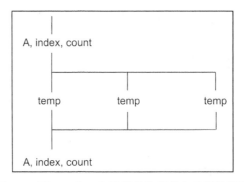

图 6-2　图 6-1 中 3 个线程的数据共享示例的说明

6.2　修改存储属性

在有些情况下，我们需要修改变量的存储属性。我们通过放置在 `parallel` 或 `worksharing-loop` 指令上的子句来实现。在 OpenMP 通用核心中，我们包含了 `shared`、`private` 和 `firstprivate` 等子句。这些子句中的每一个都包括一个逗号分隔的变量列表。

要理解这些子句，请考虑它们对区域内执行代码的线程来说是如何出现的。当线程遇到 OpenMP 构造时，它正在执行一连串的指令。这个线程（"遭遇线程"）在一个区域内工作，它有自己的数据环境，因此有一组变量对它可见。遭遇线程会根据它遇到的构造创建一个新的区域（例如，创建一个新的并行区域），新区域意味着一个新的数据环境。

数据环境子句修改了遇到该区域的线程的数据环境中的变量的存储属性，这些变量映射到构造创建的数据环境中。因此，在构造之前和构造内部都有一个用于变量的单一名称。当我们用这个名字来指代遭遇线程的数据环境中的变量时（即在构造之前），我们称它为原始变量。如果这个概念看起来过于复杂，那么当我们在接下来的几节中考虑一些例子时，它将变得清晰。

6.2.1　shared 子句

一个线程遇到一个 OpenMP 构造并创建一个新的区域。区域有一个相关的数据环境。数据环境子句将遇到的线程的数据环境中的变量映射到刚创建的新区域的数据环境中。这些子句设置了变量的数据共享属性，因为它们映射到新的区域中。

这些变量的默认数据共享属性是 shared。如果一个变量是 shared，就意味着变量有一个副本，并且它对组中的所有线程都是可见的。shared 子句的语法是：

```
shared(list)
```

其中 list 是一个逗号分隔的变量列表。我们在图 6-3 中提供了一个带有 shared 子句的并行区域的例子。在这个例子中，我们声明了三个整数 A、B 和 C，并对它们进行了初始化（用一个我们没有展示的 extern 函数）。程序启动的线程（所谓的初始线程）遇到了 parallel 构造。它有单一子句：

```
#pragma omp parallel shared(B,C)
```

```
1    #include <omp.h>
2    #include <stdio.h>
3
4    extern void initialize(int*, int*, int*);
5
6    int main ()
7    {
8        int A, B, C;
9
10       initialize(&A, &B, &C);
11
12       //remember the value of A before the parallel region
13       printf("A before = %d\n", A);
14
15       #pragma omp parallel shared(B,C)
16       {
17           int A = omp_get_thread_num();
18           #pragma omp critical
19               C = B + A;
20       }
21
22       // A in the parallel region goes out of scope, we revert
23       // to the original variable for A
24       printf("A after = %d and C = %d\n", A, C);
25   }
```

图 6-3　共享子句。并行构造上的共享子句的一个例子。严格来说这个子句是不需要的。在这种情况下，它是为了提醒程序员，在三个变量 A、B 和 C 中，只有 B 和 C 是共享的，因为 A 被它在并行区域内的声明所掩盖

该子句表示变量 B 和 C 在并行区域内是共享的。注意，这是默认的行为。事实上，变量 A 也是共享的，只是我们通过在并行区域内创建一个新的同名变量来屏蔽原始变量 A。每个执行并行区域的线程都会创建该变量 A，该变量对每个线程都是私有的。

当然，共享变量对所有线程都是可见的。这是至关重要的，要确保不会因为多个线程试图同时更新同一个共享变量而发生数据竞争。因此，当线程在并行区域内对变量 C 进行写入时，我们会用一个临界区来保护这些更新。

在并行区域结束时，A 的私有副本超出了其作用域，该变量不再存在。名称 A 再次指向原始变量。因此，图 6-3 中 A 的两条打印语句将报告 A 的相同值。

这里其实可以不需要 shared(B,C) 子句。程序在有 shared 子句和没有 shared 子句的情况下都会产生同样的结果。虽然不需要，但为了调试和帮助阅读程序，将共享变量与 shared 子句一起列出是良好的编程实践，这一点很重要。OpenMP 程序出错的主要原因之一是丢失了不同区域内变量的存储属性。简单的提醒哪些变量是共享的，对于试图调

试 OpenMP 代码的程序员来说，可以得到很大的收益。

6.2.2 private 子句

private 子句放在生成新数据环境的指令上。该子句的语法如下：

```
private(list)
```

其中，list 是一个以逗号分隔的变量列表，这些变量定义在遇到该构造的线程的数据环境中，该构造使用了 private 子句。当把变量映射到新的数据环境中时，private 子句改变了默认行为。private 子句告诉编译器，为每个线程创建一个类型和名称相同的新变量⊖。这个新变量对每个线程来说都是私有的，也就是说每个线程都有一个其他线程不能访问的变量副本。

私有变量的值是未初始化的。它掩盖了并行区域内的原始变量，所以线程只看到私有变量。当区域结束后，私有变量就退出了作用域范围。这是 C/C++ 语言的术语，是说在包含变量的区域完成后，变量不再存在。超出区域后，变量的名称指的是原始变量，其值没有被私有变量改变。

图 6-4 显示了一个带有 private 子句的 OpenMP 构造的例子。

```
1    void wrong()
2    {
3        int tmp = 0;
4        #pragma omp parallel for private(tmp)
5        for (int j = 0; j < 1000; j++)
6            tmp += j;
7        printf("%d\n", tmp);    //tmp is 0 here
8    }
```

图 6-4   一个 private 子句的例子。原始变量 tmp 被并行 for 区域内的私有变量副本所掩盖。问题：这个程序是否正确

根据我们对 private 子句的讨论，这个程序是否正确？

图 6-4 中的代码是不正确的。由于并行 for 构造内部的 tmp 是由一个私有子句创建的，每个线程都有一个没有初始化的本地副本。因此，第 6 行对 tmp 的更新是不正确的，因为 tmp 没有初始值。然而，在并行 for 构造结束时，当 tmp 被打印时，它将打印其原始变量的值，在这种情况下，它的值是 0，这是因为 tmp 的私有副本在退出并行 for 构造后已经超出了作用域范围，所以 tmp 的名称恢复到原始变量。

在图 6-5 中，我们展示了另一个使用 private 子句的例子。这个例子也有一个严重的问题。图中包括两个程序片段。假设这些程序分布在两个文件之间。在文件 #1 中，tmp 被声明为一个文件作用域范围变量。然后在函数 danger() 里面，它被初始化为 0，当 danger() 里面的并行区域被创建时，变量 tmp 被私有化。

```
#pragma omp parallel private(tmp)
```

⊖   在 C++ 中，默认的构造函数是用来创建私有变量的。

并行区域里面的私有变量 tmp 掩盖了原始变量，也就是原来的值为 0 的文件作用域变量。在
并行区域里面，调用文件 #2 中定义的函数 work。函数 work 期待外部全局范围变量 tmp，
并在函数内部更新值 tmp。这个程序在语义上是有歧义的。如果将函数留在一个单独的文件
中，编译器很可能会选择 tmp 的文件作用域副本。如果编译器内联函数 work()，则会选择
tmp 的私有副本。问题是编译器没有办法弄清楚它需要在 work() 里面使用 tmp 的哪个副本。

```
1    //File #1
2    int tmp;
3    void danger()
4    {
5        tmp = 0;
6        #pragma omp parallel private(tmp)
7            work();
8        printf("%d\n", tmp);    // tmp has unspecified value
9    }
10
11   // File #2
12   extern int tmp;
13   void work()
14   {
15       tmp = 5;
16   }
```

图 6-5　private 子句的第二个例子。这个程序有一个微妙的错误。编译器无法决定 tmp
　　　　的作用域，是文件作用域变量，还是并行区域内的私有副本。因此，这种情况在
　　　　OpenMP 规范中是特别禁止的

　　解决的办法是将其明确定义为无效程序。这个程序是模棱两可的，因此最安全的做法
是 OpenMP 规范不允许一个变量在数据环境中既是私有的又是文件作用域范围的情况。不
能指望编译器会警告这种情况，因为对 tmp 变量的不同处理是在两个不同的源文件中。因
此，程序员要避免这种情况的发生。幸运的是，通常的编程实践是避免文件作用域范围变
量，所以这个问题不会经常出现。

6.2.3　firstprivate 子句

　　firstprivate 子句放在生成新数据环境的指令上。

　　该子句的语法如下：

`firstprivate(list)`

　　其中 list 是一个以逗号分隔的变量列表，它定义在遇到使用 firstprivate 子句构
造的线程的数据环境中。与 private 子句类似，firstprivate 子句告诉编译器为每个
线程创建一个私有变量，其名称与列表中的每个项的原始变量相同[⊖]。firstprivate 变
量还可以在并行区域内屏蔽原变量，区域后原变量的值不变。

　　⊖　在 C++ 中，copy 构造函数用于将原变量的值复制到私有变量中。

firstprivate 和 private 的区别在于，使用 firstprivate 时，新的私有变量是通过复制相应的原始变量的值来初始化的。

在图 6-6 中，我们提供了一个 firstprivate 子句的例子，在并行区域之前，incr 被初始化为 0。将 incr 作为 firstprivate 变量，每个线程都有其本地的 incr 副本，初始值为 0，来自原始变量。除了它们被初始化之外，由 firstprivate 子句创建的变量与用 private 子句创建的变量是相同的。

```
1  incr = 0;
2  #pragma omp parallel for firstprivate(incr)
3  for (i = 0; i <= MAX; i++)
4  {
5      if ( (i % 2) == 0) incr++;
6      A[i] = incr;
7  }
```

图 6-6 使用 firstprivate 子句的例子。incr 是一个 firstprivate 变量，所以它对每个线程都是私有的，并且有一个初始值（0）

6.2.4 default 子句

在 OpenMP 通用核心中，我们有三个子句来修改 OpenMP 构造体生成的数据环境：private，firstprivate 和 shared。OpenMP 程序中最常见的错误来源之一是在变量上有错误的存储属性。鉴于一些变量默认导入其数据共享属性，而另一些变量则通过显式子句导入，因此很容易产生这样的错误。

OpenMP 提供了一个 default 子句。在通用核心中，我们用 default 子句支持一种情况：default(none) 子句。如果在构造体上使用 default(none)，那么所有从遭遇线程传递到区域的变量都必须明确地列在 private、firstprivate、reduction 或 shared 子句中。编译器会将任何没有在数据环境子句中列出的变量标记为错误。当试图了解映射到数据区域的变量及其数据共享属性时，这对理解变量有很大帮助。

default 子句还支持其他情况，如 default(shared) 或 default(private)（在 C/C++ 中不可用）。我们在通用核心中不支持这些额外的情况，而且坦率地说，这些情况并不经常使用。

6.3 数据环境的例子

将信息从短时记忆转移为长时记忆的最好方法是解决问题。本着这种精神，我们提供了两个需要理解数据环境子句的问题。我们建议你看一个问题，然后停止阅读，实际求解一下这个问题。只有在你有了自己的解决方案之后，再阅读我们对该问题的讨论。

6.3.1　数据作用域测试

图 6-7 显示了一个线程遇到并行构造的程序。我们定义了三个变量 A、B 和 C，它们都被初始化为 1。然后我们创建一个并行区域，并指定 B 为 private，C 为 firstprivate。

```
1        A = 1
2        B = 1
3        C = 1
4        #pragma omp parallel private(B) firstprivate(C)
```

图 6-7　一个 OpenMP 数据环境测验，考虑 A、B 和 C 的存储属性和值

考虑以下问题：

❑ 指定并行区域内 A、B、C 的存储属性。

❑ 它们在并行区域内的初始值是多少？

❑ 它们在并行区域后的值是多少？

在继续阅读之前，你必须尝试回答这个问题。

A 没有在任何子句中声明，所以它默认是一个共享变量。每个线程在进入并行区域时都会看到它的值为 1。

B 和 C 的存储属性是用 private 和 firstprivate 子句修改的，所以它们对每个线程都是私有的。在并行区域内部，每个线程都有 B 和 C 的本地副本，每个线程的 B 的值是未初始化的，C 的值用原始变量 C 的值来初始化为 1。

在并行区域之后，B 和 C 的私有副本退出了作用域范围，B 和 C 恢复到它们原始变量的全局值。因此，两个变量的原值都是 1。由于 A 是共享的，所以它的值是在并行区域内所设置的值。

你可能会想知道使用 private 而不是 firstprivate 是否有好处，因为 firstprivate 似乎实现了 private 所做的一切，但却有一个定义明确的初始值所具有的安全性。我们的建议是，应该主要使用 private，只有当需要一个初始化的私有变量时才使用 firstprivate。firstprivate 子句在将原始变量的值复制到新创建的私有变量中会增加相当大的开销。对于简单的标量变量来说，这可能并不太重要，但数据环境子句中的变量可以是数组或具有复杂数据结构的对象。它们可能意味着大量数据的复制与大量线程的内存操作。

另一个讨论点是，我们是否应该只在构造内部声明一个私有变量，而不是通过 private 子句。这两种方法都有各自的优点和缺点，这在很大程度上取决于个人风格。

一种方法是关注在有无 OpenMP 解释时语义相同的代码。记住，如果编译器不识别一个指令，它就会跳过这个指令。因此，如果程序员小心翼翼，无论编译器是否理解 OpenMP，他们都可以写出可以工作的代码。通过在并行区域内声明私有变量而不是使用 private 子句来支持这种方法。

另一种方法是在程序中尽量少加代码行。程序中每增加一行代码，就会给代码中引入错误创造一个机会。因此，我们应该尽可能地使用 OpenMP 子句，避免对原始源码进行修改。

这两种方法都是正确的，选择哪种方法是程序员风格的问题。

6.3.2　曼德勃罗集的面积

在本节中，我们考虑了一个较长且复杂的练习，以测试你对数据环境子句的了解。在图 6-8 和图 6-9 中，我们提供了一个计算曼德勃罗集的面积（Mandelbrot Set Area）的程序。曼德勃罗集是一种在复平面上组成分形的点的集合，由复二次多项式 z^2+c 定义，c 是复参数，从 z=0 开始迭代时，不同的参数 c 可能使该多项式的绝对值逐渐发散到无限大，也可能收敛在有限的区域内。曼德勃罗集合就是使序列不延伸至无限大的所有复数 c 的集合。已知曼德勃罗集的面积约为 1.506。

```
1   #include <stdio.h>
2   #include <stdlib.h>
3   #include <math.h>
4   #include <omp.h>
5
6   # define NPOINTS 1000
7   # define MAXITER 1000
8
9   void testpoint(void);
10
11  struct d_complex {
12      double r;
13      double i;
14  };
15
16  struct d_complex c;
17  int numoutside = 0;
18
19  int main() {
20      int i, j;
21      double area, error, eps = 1.0e-5;
22
23  // Loop over grid of points in the complex plane which contains
24  // the Mandelbrot set, test each point to see whether it is
25  // inside or outside the set
26
27  #pragma omp parallel for private(c,eps)
28      for (i = 0; i < NPOINTS; i++) {
29          for (j = 0; j < NPOINTS; j++) {
30              c.r = -2.0 + 2.5 * (double)(i) / (double)(NPOINTS) + eps;
31              c.i = 1.125 * (double)(j) / (double)(NPOINTS) + eps;
32              testpoint();
33          }
34      }
35
36  // Calculate area of set and error estimate and output the results
37
38      area = 2.0 * 2.5 * 1.125 * (double)(NPOINTS * NPOINTS - numoutside)
39          / (double)(NPOINTS * NPOINTS);
40      error = area / (double)NPOINTS;
41
42      printf("Area of Mandlebrot set = %12.8f +/- %12.8f\n",area,error);
43      printf("Correct answer should be around 1.506\n");
44  }
```

图 6-8　计算曼德勃罗集面积的原始错误代码（第 1 部分）。这个版本的程序有多个错误，你的任务是检查代码并找出错误

```
1    void testpoint(void) {
2
3    // Does the iteration z=z*z+c, until |z| > 2 when point is known to
4    // be outside set. If loop count reaches MAXITER, point is considered
5    // to be inside the set.
6
7        struct d_complex z;
8        int iter;
9        double temp;
10
11       z = c;
12       for (iter = 0; iter < MAXITER; iter++) {
13           temp = (z.r * z.r) − (z.i * z.i) + c.r;
14           z.i = z.r * z.i * 2 + c.i;
15           z.r = temp;
16           if ((z.r * z.r + z.i * z.i) > 4.0) {
17               numoutside++;
18               break;
19           }
20       }
21   }
```

图 6-9　计算曼德勃罗集面积的原始错误代码（第 2 部分）。这个版本的程序有多个错误，你的任务是检查代码并找到错误

在第 27 ~ 34 行中，结合 OpenMP 并行 for 构造，程序在包含曼德勃罗集的复平面上循环遍历点网格，并测试每个点是在集内还是集外。测试一个点的实际工作是在一个单独的函数 `testpoint()` 中进行的。

这个程序有多个错误，大多数（但不是全部）与数据环境有关。我们知道这个程序有错误，因为每次运行这个程序时，它都会给出不同的且不正确的结果。我们建议你研究这个程序，看看是否能找到所有的错误。只有当你确信有了正确的答案之后，才可以继续阅读本文[⊖]。

我们注意到的第一个问题是，eps 被指定为 private，因此，它没有被初始化，在进入并行区域时没有值，尽管在更新 c 的值时它会被使用。一个简单的解决方案是将 eps 的存储属性改为 firstprivate。这样每个线程都有自己的变量副本，但有一个指定的值。注意，eps 是只读的，它在并行区域内不更新。因此，另一种解决方案是让它共享（`shared(eps)`），或者不在数据环境子句中指定 eps，让它的默认共享行为被使用。虽然这样可以得到正确的代码，但有可能会增加开销。如果 eps 是共享的，每个线程都会读取内存中的相同地址。当只读数据结构复杂，内存大小较大时，每个线程从共享内存中的读取速度将比从自己的本地私有内存中读取该只读变量的副本要慢。一些编译器会通过将这种只读变量放到寄存器中进行优化，但我们不应该依赖这种行为。

为了检查并行区域内使用的其他变量的数据存储属性，我们使用 default(none) 子句，这将迫使程序员声明并行区域内使用的每一个变量。对于这个问题，当我们添加

⊖　曼德勃罗程序可以从 OpenMP 通用核心网站上获得，http://www.ompcore.com。

default(none) 时，编译器会立即指出变量 j 没有定义其数据共享属性。这是嵌套在共享工作循环里面的循环控制索引。它没有被默认为私有（就像对 i 和共享工作循环一样），所以我们需要明确地将 j 声明为私有⊖。

我们注意到的下一个问题是，函数 testpoint() 使用变量 c，它是具有文件作用域的变量，但这个相同的变量在并行共享工作循环区域中被指定为私有变量。正如我们在图 6-5 的例子中所讨论的那样，编译器没有明确的方法来告诉 testpoint 应该使用哪个 c。这是一个无效的程序，因为我们有一个单一的变量被用作私有变量和文件作用域范围变量。为了解决这个问题，我们修改 testpoint() 的参数列表，这样我们就把 c 作为一个参数传入函数中。然后我们删除该变量的文件作用域范围副本，因为它不再被使用。然后我们将 c 变为私有，这样每个线程都有自己的副本。

如果做了这些改变，然后运行程序，多次运行时答案仍然会变化。这说明在程序的某个地方存在数据竞争。如果看一下共享变量 numoutside 的增量，它是由多个线程触发的，没有任何构造来强制相互排斥。该增量操作需要用一个临界区来保护，从而消除数据竞争。

同步化的成本很高。互斥同步会出现两种情况（如 critical、竞争和无竞争）。竞争式同步是指当一个线程遇到一个同步构造时，很有可能有其他线程已经在该构造处等待，因此迫使该线程等待其他线程完成。与此相反的情况是当一个同步构造是无竞争的，这意味着一次只有一个线程遇到同步构造的概率很高。

在这个曼德勃罗集的面积的例子中，我们很可能存在无竞争的同步。这是因为每个线程在不同迭代上花费的时间很可能大不相同。有些点需要多次迭代来测试收敛性，而有些点只需要几次迭代。因此，很可能每个线程到达临界区的时间不同。再加上 numoutside 的更新速度非常快，出现竞争式同步的概率相当低。

综上所述，我们共发现 4 个问题。原始的有 bug 的曼德勃罗集的错误是：

1. eps 没有被初始化。
2. 循环索引 j 需要被私有化。
3. numoutside 的更新必须用临界构造保护。
4. 变量 c 不能是文件范围变量，它需要对每个线程都是私有的。

我们在图 6-10 和图 6-11 中展示了程序的正确版本。当我们用不同的线程数多次运行这个程序时，每次都能得到正确且一致的结果。

⊖ 另一个解决方案是使用更现代的 C 语言，在使用循环索引的地方才声明它，即在循环内部，for(int j=0; j< NPOINTS; j++)

```
1   #include <omp.h>
2   # define NPOINTS 1000
3   # define MXITR 1000
4   struct d_complex {
5       double r; double i;
6   };
7
8   void testpoint(struct d_complex);
9   struct d_complex c;
10  int numoutside = 0;
11
12  int main ()
13  {
14      int i, j;
15      double area, error, eps = 1.0e−5;
16      #pragma omp parallel for private(c,j) firstprivate(eps)
17          for (i = 0; i < NPOINTS; i++) {
18              for (j = 0; j < NPOINTS; j++) {
19                  c.r = −2.0 + 2.5 * (double)(i)/(double)(NPOINTS) + eps;
20                  c.i = 1.125 * (double)(j)/(double)(NPOINTS) + eps;
21                  testpoint(c);
22              }
23          }
24          area = 2.0 * 2.5 * 1.125 * (double)(NPOINTS * NPOINTS    \
25                  − numoutside)/(double)(NPOINTS * NPOINTS);
26          error = area / (double)NPOINTS;
27  }
```

图 6-10　曼德勃罗集面积的求解（第 1 部分）。c 作为参数传递给函数 testpoint，eps 被声明为 firstprivate，内循环索引 j 被声明为 private

```
1   void testpoint(struct d_complex c)
2   {
3       struct d_complex z;
4       int iter;
5       double temp;
6
7       z = c;
8       for (iter = 0; iter < MXITR; iter++) {
9           temp = (z.r * z.r) − (z.i * z.i) + c.r;
10          z.i = z.r * z.i * 2 + c.i;
11          z.r = temp;
12          if ((z.r * z.r + z.i * z.i) > 4.0) {
13              #pragma omp critical
14                  numoutside++;
15              break;
16          }
17      }
18  }
```

图 6-11　曼德勃罗集面积的求解（第 2 部分）。c 作为参数传递给函数 testpoint，对 numoutside 的更新是用一个临界区来保护的

6.3.3　重新审视 Pi 循环的例子

在图 5-9 的 Pi 程序中，我们使用共享工作循环构造来进行数值积分。我们需要在并行区域内声明 double x，这样在求和时，每个线程对矩形位置都有自己的值。在第 5 章中，我们还没有涉及数据环境子句，所以我们别无选择，只能使用显式声明。

在图 6-12 中，我们提供了一个更简单的 Pi 程序实现。这个版本最大限度地减少了将串行代码转换为 OpenMP 并行程序所需的修改数量。一个简单的 pragma 就足以实现程序的并行化：

```
#pragma omp parallel for private(x) reduction(+:sum)
```

这个程序在能理解 OpenMP 的编译器中能正确运行，在不支持 OpenMP 的编译器中也能运行，因为在这种情况下，`#pragma omp` 指令会被忽略。使用 private 子句支持一个优雅的解决方案来解决我们的 Pi 程序的问题，同时遵循通用 OpenMP 的设计目标，即在并行化时不破坏或改变串行程序。

```
 1  #include <stdio.h>
 2  #include <omp.h>
 3
 4  #define NTHREADS 4
 5
 6  static long num_steps = 100000000;
 7  double step;
 8
 9  int main ()
10  {
11      int i;
12      double x, pi, sum = 0.0;
13      double start_time, run_time;
14
15      step = 1.0/(double) num_steps;
16      omp_set_num_threads(NTHREADS);
17      start_time = omp_get_wtime();
18
19      #pragma omp parallel for private(x) reduction(+:sum)
20          for (i = 0; i < num_steps; i++) {
21              x = (i + 0.5) * step;
22              sum += 4.0 / (1.0 + x * x);
23          }
24
25      pi = step * sum;
26      run_time = omp_get_wtime() - start_time;
27      printf("pi is %f in %f seconds %d threads\n", pi, run_time);
28  }
```

图 6-12　结合了并行共享工作循环和归约的 Pi 程序。每个线程都累计了它的本地和，随后通过归约操作将其合并为全局和，变量 x 用数据环境子句声明为私有

6.4　数组和指针

我们在本章的重点是标量变量。但是，如果我们给你留下的印象是，只能把标量变量放在数据环境子句中，那我们就失职了。指针和数组也可以在数据环境子句中使用。我们将考虑两种基本情况。为了理解这些情况，请"像编译器一样思考"。

静态数组。在编译时声明的已知大小的数组会在堆栈中分配。编译器知道这个数组的大小，并可以管理它。考虑图 6-13 中的代码。编译器知道数组的类型和大小，它可以为每

个线程创建一个数组的私有副本。如果我们使用 firstprivate 代替，它就会把值复制到新的私有数组中。我们也可以在 reduction 子句中使用静态数组。

```
int varray[1000];
initv(1000, varray);  // function to initialize the array

#pragma omp parallel private(varray)
{
    // body of parallel region not shown
}
```

图 6-13　数据环境子句中的静态数组。编译器为每个线程在栈上创建了一个类型为 int 的 1000 个值的私有数组

动态数组和指针。当处理指针和动态数组时，情况就比较复杂了。例如，考虑图 6-14 中的代码，我们在 firstprivate 子句中有一个指针。在这种情况下，每个线程都有自己的指针私有副本，但每个线程都指向同一个物理存储块。

```
int vptr;
vptr = (int*) malloc(1000 * sizeof(int));
initv(1000, vptr); // function to initialize the array

#pragma omp parallel firstprivate(vptr)
{
    // body of parallel region not shown
}
```

图 6-14　数据环境子句中的动态数组和指针。编译器给每个线程提供自己的指针，指向同一个内存块

你想为每个线程创建一个新的数组，但编译器只有一个指针，它没有办法从指针引用的内存块中知道你对哪些值感兴趣。一个解决方案是使用一个数组区段。用 lower-bound、lengh 和 stride 来定义一个数组区段。

```
[lower-bound:length:stride]
[lower-bound:length]        // stride implied as one
[:length:stride ]           // lower-bound implied as zero
```

利用上一个例子中的数组区段，我们可以通过如下指令让每个线程分配并复制一个原来是数组的变量到并行区域：

```
#pragma omp parallel firstprivate(vptr[0:1000:1])
```

数组区段也适用于其他创建变量私有副本的子句，如 private 和 reduction。

6.5　结束语

理解一个 OpenMP 程序，需要能推断出变量在区域内是共享的还是私有的（比如并行和共享工作循环区域）。管理变量如何跨区域边界移动是编写正确的 OpenMP 程序的基础。

在本章中，我们讨论了并行区域内变量的存储属性的默认规则。记忆一般规则的最简单方法是：如果一个变量在"拥有"线程的进程的堆内存中，它是共享的；如果一个变量在每个线程的栈内存中，它是私有的。而大多数情况下（除了一些例外），如果一个变量被声明在并行区域之外，它是共享的；如果一个变量被声明在并行区域之内，它是私有的。

我们还讨论了在区域间移动时如何修改规则，以应对变量的存储属性变化。为了帮助理解这些问题，我们讨论了几个例子。这些例子展示了 shared、private 和 firstprivate 在实践中是如何使用的。

最后，我们谈到了调试多线程程序这个复杂的话题。当然，当发现 OpenMP 程序中的错误时，并行调试器是一个很大的帮助。不过在很多情况下，可以通过使用 default(none) 子句来摆脱调试器，迫使编译器标记每一个在区域间移动的变量，并强制显式定义其存储属性，这对防止 OpenMP 程序中的错误来源有很大帮助。坦率地说，使用 default(none) 应该是编写 OpenMP 程序时的标准做法，而不是在怀疑程序有错误时才使用该子句。

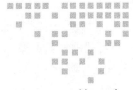

第 7 章 *Chapter 7*

OpenMP 任务

在第 5 章中，我们讨论了循环级并行性。对于大多数 OpenMP 程序员来说，循环级并行是 OpenMP 的精髓。在串行应用程序中找到计算密集型的循环，并添加并行共享工作循环构造将其转化为并行应用程序。这种并行编程风格最适合处理常规问题，也就是能将工作和数据访问模式直接映射到一组"潜在嵌套"循环索引上的问题。

第 4 章的技术——具有 SPMD 模式的 fork-join 并行，支持更广泛的算法。然而，它们仍然倾向于常规问题，在这些问题上，定义有效的负载平衡策略要容易得多。

然而，有一类重要问题是不规则的。它并不直接映射到嵌套循环索引上，或者即使能映射，每个循环迭代的工作也是千变万化的，以至于负载平衡存在巨大挑战。在问题域中移动，可能需要通过一个列表遍历一个指针序列，或者算法从根本上是递归的。

OpenMP 在其最初的形式中忽略了不规则问题。这并不是说我们没有意识到这些问题，只是因为支持常规并行就有太多的工作要做，所以我们选择在转向不规则并行之前，先关注那些比较简单的问题。直到 OpenMP 3.0，才增加了不规则并行所需的构造：task 构造。

在本章中，我们将探讨 OpenMP 任务的使用，并讨论任务背后的动机，以及 OpenMP 如何支持任务。除了描述任务级并行的构造和支持指令外，我们还将讨论任务使用的基本设计模式。

7.1 任务的必要性

不规则问题很多，它们包括基于稀疏数据结构的问题，其工作是高度可变的，或者是控制流和依赖性不可预测的问题，这些问题非常复杂，无法用规则迭代空间来表示。对于基于规则数据结构（如密集数组）的问题，如果逻辑是围绕着 while 循环或递归算法建立的，那么就很难将算法映射到共享工作循环或 fork-join 并行上。

显然，OpenMP 非常需要支持不规则的并行性。我们通过添加任务（tasks）来实现这一目标，任务是一个由代码区域和数据环境定义的可调度的工作单元。它们在 2008 年 5 月被引入到 OpenMP 3.0 版本中。

任务是对 OpenMP 的彻底改进。在任务之前，我们组织语言的中心实体是线程。有了任务，我们现在就有了独立于线程的工作单元。这听起来很简单，但将以任务与线程为中心的系统结合起来的细节却非常复杂。我们花了五年多的时间专门研究，并重写了 OpenMP 规范的大部分内容。

为了理解任务以及为什么它们如此重要，让我们从一个实际上需要它们的简单问题开始。考虑与遍历链表相关的处理。图 7-1 显示了遍历一个链表的串行代码。它从列表头部的节点 head 开始，按照指针引用链接 p->next 遍历列表。对于每个节点，调用函数 processwork(p)。

```
1   p = head;
2   while (p != NULL) {
3       processwork (p);
4       p = p->next;
5   }
```

图 7-1　串行链表程序。遍历链表，并为列表中的每个节点做一个工作块（processwork(p)），其中我们假设任何节点的 processwork(p) 与其他节点无关

我们建议放下书本○，并思考如何将这段代码并行化。不能使用共享工作循环构造，因为那只适用于带有循环增量和循环边界不变的 for 循环。迭代空间没有解析表达式，这意味着在编译时，while 循环的长度是未知的，不能转化为 for 循环。由于列表中的元素是依赖于数据的，而且是动态的，因此如何将其用 OpenMP 并行，这一点并不明显。

在图 7-2 中，我们展示了使用 OpenMP 2.5 或更早的规范（即在任务被引入 OpenMP 之前）实现并行化链表的一个解决方案。我们分三步进行列表遍历：

❑ 步骤 1：遍历链表，统计列表中的项数。分配一个足够大的数组来存放列表中节点的指针。
❑ 步骤 2：将每个节点的指针复制到数组中。
❑ 步骤 3：用工作循环构造并行处理节点。

○　在本书的网站上有一个链表程序的版本，http://www.ompcore.com。

```
1   #include <omp.h>
2   struct node {
3       int data;
4       int procResult;
5       struct node* next;
6   };
7   // initialize the list (not shown)
8   struct node* initList(stuct node* p);
9
10  // a long computation (not shown)
11  int work(int data);
12
13  void procWork (struct node* p) {
14      int n = p->data;
15      p->procResult = work(n);
16  }
17
18  int main() {
19      struct node *p = NULL;
20      struct node *temp = NULL;
21      struct node *head = NULL;
22      struct node *parr;
23
24      p = initList(p);
25
26      // save head of the list
27      head = p;
28
29      int count = 0;
30      while (p != NULL) {
31          p = p->next;
32          count++;
33      }
34      parr = (struct node*)malloc(count*sizeof(struct node));
35      p = head;
36
37      for (i = 0; i < count; i++) {
38          parr[i] = p;
39          p = p->next;
40      }
41
42      #pragma omp parallel for schedule(static,1)
43      for (i = 0; i < count; i++)
44          processwork(parr[i]);
45  }
```

图 7-2　不使用任务的并行链表程序。三次遍历数据，计算列表的长度，将值收集到一个数
　　　　组中且并行处理数组，这是检查器－执行器设计模式的一个例子

由于需要三次遍历数据，这种遍历链表的算法增加了大量的开销。对每个节点进行的处理（图中未显示）比复制数据花费的时间要长得多，因此实际上观察到程序的并行版本有适度的加速（如表 7-1 所示）。我们尝试了 default 调度（每个线程一个迭代块）和 schedule(static,1)。小块将每个节点的处理分散到线程组中，产生了更均衡的负载。

然而，在这种情况下，性能并不是首要考虑的问题。我们在图 7-2 中简单而优雅的 while 循环变成了三个循环和一个额外的数组来保存列表中每个节点的指针。由于有这么多的代码修改和三次扫描数据结构，包括将每个节点的指针复制到数组中，这真的很麻烦。

表 7-1 并行链表程序的运行时间（以秒为单位）。我们在苹果 OS X 10.7.3 的双核笔记本电脑上运行该程序，该笔记本电脑采用英特尔编译器（icc），默认优化级别（O2），双核（四个 HW 线程）英特尔酷睿 i5 处理器，频率为 1.7 GHz，4 GByte DDR3 内存，频率为 1.333 GHz。static，1 调度实现了更均衡的负载，运行速度比 default 调度更快

线程数	default 调度	static,1 调度
1	48	45
2	39	28

应该有一个更好的方法来处理这类问题，而实际上确实有。它是基于任务的。在我们描述任务构造背后的基本概念之后，我们将在本章后面介绍基于任务的列表遍历问题的解决方案。

7.2 显式任务

task 构造创造了一个显式任务。任务是由两部分组成的独立工作单元：

❑ 与任务指令相关联的结构化块中的代码，加上在该结构化块中调用的任何函数中的代码（这被称为任务区域）。

❑ 与任务相关联的数据环境。

任务构造的基本语法如表 7-2 所示。

当一个线程遇到一个任务构造时，它可能会立即执行任务，也可能会将其推迟到以后执行。正是这种延迟执行使任务变得有趣。请考虑图 7-3，这是对多个任务可能以串行或并行方式执行的说明。总共有 3 个任务，A、B 和 C。在串行程序中，它们一个接一个地被执行。在 OpenMP 任务并行的情况下，它们将被放入一个任务队列中，多个线程将并行地完成这组任务。

表 7-2 C/C++ 和 Fortran 中的任务构造。任务构造可以创建一个显式任务。OpenMP 通用核心支持以下子句：default(none)、private、firstprivate 和 shared

#pragma omp task *[clause[[,]clause] …]*   structured block
!$omp task *[clause[[,]clause] …]*   structured block **!$omp end task** *[nowait]*

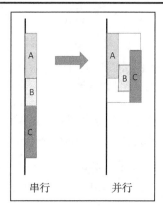

图 7-3 以串行和并行方式执行任务。当以串行方式执行时，任务会一个接一个地执行；当以并行方式执行时，一个任务可以与另一个任务同时执行。多个任务并行运行时，总体完成时间会减少

7.3　第一个例子：薛定谔程序

我们想从一个简单的例子开始，展示任务是如何工作的。用一个我们称之为"薛定谔程序"的程序来实现，如图 7-4 所示。其想法是创建任务，让它们随机等待一段时间，然后设置一个共享变量。无论哪个任务最后执行，都会给共享变量填充一个值，我们用这个值来判断薛定谔的猫是死是活。

```
1    #include <stdbool.h>
2    #include <omp.h>
3    // Three functions we use but do not show here:
4    // 1. Set seed for a pseudo-random sequence
5    void seedIt(long *val);
6    // 2. function to flip a coin (randomly return true or false)
7    bool flip(long *coin);
8    // 3. wait a short random amount of time
9    double waitAbit();
10
11   int main()
12   {
13       double wait_val;
14       long rand, i;
15       int dead_or_alive;
16       omp_set_num_threads(2);
17
18       // "flip a coin" to choose which task is for the dead
19       // cat and which for the living cat.
20       long coin;
21       seedIt(&coin);
22       bool HorT = flip(&coin);
23
24       printf("Schrodinger's program says the cat is");
25
26       #pragma omp parallel shared(HorT, dead_or_alive)
27       {
28           // These tasks are participating in a data race
29           #pragma omp task
30           {
31               double val = waitAbit();
32               dead_or_alive = HorT;
33           }
34           #pragma omp task
35           {
36               double val = waitAbit();
37               dead_or_alive = !HorT;
38           }
39       }
40       if (dead_or_alive)
41           printf(" alive. \n");
42       else
43           printf(" dead. \n");
44
45       return 0;
46   }
```

图 7-4　薛定谔程序。两个线程各产生两个任务，它们随机等待一点时间，然后设置一个共享变量为真或假，最后执行的任务决定了变量的最终值以及猫是"死"还是"活"

并行区域最多有两个线程，每个线程创建两个任务。任务构造包含任务指令后的块中的代码。任务区域就是该块加上函数 `waitAbit()` 里面调用的任何代码。一个任务要么立即运行，要么被推迟。当它运行时，任务将随机等待一段时间，然后将一个布尔变量分配给一个共享变量 dead_or_alive。根据并行区域完成后在 dead_or_alive 中发现的值，程序会打印出猫是"死"还是"活"。

注意，对 dead_or_alive 的更新不受同步构造的保护。多个线程可能同时更新内存中的同一个位置，这就构成了数据竞争。在这种情况下，我们故意写了一个包含数据竞争的程序。之所以这样做，是因为我们希望程序的结果在没有我们明确控制的情况下，从一个运行到下一个运行是不同的。换句话说，我们希望程序中包含一个竞争条件。当程序的结果依据操作系统对线程的调度方式而不同时，就会发生竞争条件。在共享内存编程环境中，竞争条件通常是由数据竞争导致的。

一个包含数据竞争的 OpenMP 程序在技术上是无效的。然而，这个例子代码中的数据竞争是"良性"的。在 C 语言编程中，当一个 int 被用作逻辑变量时，除了 0 以外的任何值都是真的。因此，即使数据竞争导致共享变量的值被破坏，程序的行为也会符合预期。它随机选择一只猫为"死"或"活"。数据竞争并不妨碍程序完成它的工作，因此我们称它为"良性"数据竞争⊖。

如果我们不指出"良性数据竞争"这个词是有争议的，甚至可能是一个矛盾的说法，那就是我们的失职。从技术上讲，并不存在"良性"的数据竞争，因为包括 OpenMP 在内的现代编程语言都将任何存在数据竞争的程序定义为无效。然而，当语言设计者决定禁止良性数据竞争时，我们并行应用社区的许多人都相当不高兴。这种情况很少见，但有些算法却能从它们身上获益匪浅 [12]。例如，在一些基于松弛方法的迭代求解器中 [8]，我们可能会省略防止极其罕见的数据竞争所需的成本很高的同步构造。如果数据竞争恰好破坏了一个值，后续的迭代将清理它。这种方法是可行的，并且已经成功使用了很多年。因此，我们在本书中加入良性的数据竞争是我们对此事保持讨论活跃性的方式。同时，我们也认识到，一般不建议故意在程序中加入数据竞争，要么不做，要么要极其谨慎地做。

7.4　single 构造

在讨论任务如何在实际程序中使用之前，我们需要介绍一个额外的 OpenMP 构造。这就是 single 共享工作构造，其语法在表 7-3 中描述。single 构造表示一个只由一个线程执行的代码块。该线程是组中的任何线程，通常是第一个遇到该构造的线程。与所有的共享工作构造一样，single 构造意味着在构造的末尾有一个栅栏。遇到 single 构造的线程在构造内部进行工作，而其他线程则在构造末端隐含的栅栏处等待。一旦执行 single

---

⊖　理想情况下，为了使竞赛是良性的，这个程序应该运行在具有字级原子性的机器上；也就是说，在中间状态下不能观察到单字变量的加载和存储。

构造的线程完成了工作，所有线程就会在 `single` 构造之外继续执行。

表 7-3　C/C++ 和 Fortran 中的 `single` 构造。`single` 构造是组中的一个线程执行的共享工作构造，而其他线程在构造结束时隐含的栅栏处等待，这个栅栏可以通过使用 nowait 子句来禁用

```
#pragma omp single [nowait]
    structured block
!$omp single
    structured block
!$omp end single [nowait]
```

我们在图 7-5 中提供了一个如何使用 `single` 构造的例子。这是在处理 MPI/OpenMP 混合程序时的常见模式。一组线程合作做一些工作（函数 do_many_things()）。由于 MPI 的某些实现不能很好地与多个线程合作，我们指定一个线程与 MPI 合作，以在不同迭代 MPI 进程间交换边界（利用函数 exchange_boundaries() 里面的 MPI 调用）。其他线程在 `single` 构造末尾的"大括号"处隐含的栅栏处等待，然后当边界交换完成后，所有线程继续并行调用函数 do_many_other_things()。

```
1   #pragma omp parallel
2   {
3       do_many_things();
4       #pragma omp single
5       {
6           exchange_boundaries();
7       }
8       do_many_other_things();
9   }
```

图 7-5　一个 OpenMP 的 `single` 构造的例子。所有的线程都执行 do_many_things 和 do_many_other_things，但是只有一个线程执行 exchange_boundaries

与共享工作循环构造一样，可以通过使用 `nowait` 子句在构造结束时禁用隐含的栅栏。使用 `nowait` 子句时要非常小心。当在共享工作构造的结尾禁用栅栏时，很容易引入数据竞争。这类错误很容易引入，而且极难追踪。

7.5　使用任务

显式任务构造非常灵活，可以以多种方式使用。然而，到目前为止，在使用任务构造时，最常见的模式是让一个线程创建任务并执行任务，而其他线程在栅栏处等待。我们在图 7-6 中展示了这种模式的一个例子。选择一个线程通过 `single` 构造来创建任务。该线程定义了显式任务 `fred()`、`daisy()` 和 `billy()`，而组中的其他线程则在 single 构造结束处的栅栏处等待。由于任务被推迟执行（即放在任务队列中），在栅栏处等待的任务会

执行。当 single 构造中执行区域的线程和所有的任务都完成后，线程组继续经过 single 构造的末端。

```
1   #pragma omp parallel
2   {
3       #pragma omp single
4       {
5           #pragma omp task
6               fred ();
7           #pragma omp task
8               daisy ();
9           #pragma omp task
10              billy ();
11      }   //end of single region
12  } //end of parallel region
```

图 7-6   基本任务示例。在一个并行区域内，一个线程创建了 3 个任务

虽然这种模式是目前最常见的任务使用方式，但让多个线程并行创建任务也是完全可以的，我们已经在图 7-4 中看到了薛定谔程序中线程并行创建任务的例子。

OpenMP 的实现要跟踪任务队列中已经放置了多少任务。OpenMP 运行时不会让任务队列溢出而导致程序潜在的灾难性失败，而是会暂停创建任务的线程，然后用它来帮助其他线程处理其他任务。这种情况会一直持续到任务队列耗尽为止，此时线程会切换回创建新任务的工作中。

任务是不规则问题的理想选择。一个面向任务的系统被称为自动平衡负载（自动、动态负载平衡的一个例子）。在栅栏处等待的线程从任务队列中拉出一个任务，执行完成，然后再回到队列中接受另一个任务。只要任务比线程多很多（这是正常情况），这就会自动保持工作在线程中的均匀分布。

7.5.1   什么时候任务完成

创建显式任务以完成算法所定义的工作。当通过算法的不同阶段时，需要知道什么时候可以假设任务已经完成。为了更详细地描述这一点，我们需要用任务定义一些关键术语。

在同一构造中直接创建的一组任务称为兄弟任务（sibling tasks）。它们是由一个父任务创建的，所以自然而然地称它们为兄弟姐妹；也就是说，它们都是同一个父任务的子任务。例如在图 7-6 中，任务 fred()、daisy() 和 billy() 都是兄弟任务。很容易想象，在任务 fred()、daisy() 和 billy() 内部，它们各自创建了额外的任务。换句话说，拥有嵌套的任务构造是很常见的，其中一个任务构造会创建额外的任务。考虑一个任务，我们称它为 taskA，它可以创建其他任务，这些任务是 taskA 的子任务。这些任务可能会创建其他任务，这些任务可能会继续创建更多的任务。我们将所有这些任务称为 taskA 的后代子任务。

我们现在可以描述任务完成的时间。在任何线程超越一个栅栏之前，所有的任务（兄弟任务和它们的后代子任务）都要完成。这个栅栏通常是 single 构造末端的栅栏。然而，如果在 single 子句上有一个 nowait 子句，那么任务将全部在下一个栅栏处或之前完成，这个栅栏通常是一个并行区域末尾的并行构造。因此，并行区域内产生的所有任务都将在并行区域结束前完成。

有些时候相对于线程的任务完成情况，希望对线程的执行进行更精细的控制。taskwait 指令表明，遇到 taskwait 的线程，将暂停执行，直到它的子任务完成；也就是说，线程将在 taskwait 处等待，直到它在 taskwait 之前创建的任务完成。图 7-7 是 taskwait 指令的一个例子。

```
1   #pragma omp parallel
2   {
3       #pragma omp single
4       {
5           #pragma omp task
6               fred ();
7           #pragma omp task
8               daisy ();
9           #pragma omp taskwait
10          #pragma omp task
11              billy ();
12      }
13  }
```

图 7-7　一个 taskwait 的例子。任务 fred 和 daisy 必须在任务 billy 开始之前完成

这个例子与图 7-6 所示的例子非常相似，只是在 fred 和 daisy 的任务生成后，有一个 taskwait。这将导致遇到 taskwait 指令的线程等待，直到 fred 和 daisy 完成工作并返回，然后该线程就可以继续并生成任务 billy。

重申一下，一旦所有未完成的任务完成，在栅栏处等待的线程将继续进行。这包括兄弟任务和这些兄弟任务的子任务。如果想只等待某个点之前创建的兄弟任务，也就是说，那些在某个固定点之前都是在同一个词法范围内创建的任务，可以使用 taskwait。

7.6　任务的数据环境

7.6.1　任务的缺省数据作用域

任务的数据作用域范围规则与第 6 章中讨论的其他 OpenMP 构造的规则类似，有两个主要区别：

1. 数据环境绑定的是任务，而不是遇到任务的线程。这一点很重要，因为无法控制哪个线程执行哪个任务。

2. 如果一个变量在遇到任务时是私有的，那么它将被默认为 firstprivate。

这两条规则都是必不可少的，因为一个任务是可以被推迟的，需要在任务生成时捕获变量的值。这些变量甚至可能在被推迟的任务执行时已经"不在范围内"了，所以我们需要确保在创建任务时捕获原始数据环境。

因此，我们可以总结出默认数据环境的关键规则：遇到任务构造时是 private 的变量，默认为 firstprivate；从最内围的并行构造开始的所有构造中共享的变量，默认为 shared。

我们用一个例子来阐述这些规则。在图 7-8 中，当创建并行区域时，A 是共享的，B 是私有的。那么在任务构造内部，A 仍然是共享的，因为当在任务区域之间移动时，一个共享属性保持不变。它在任务内部和外部都是共享的。

```
1  #pragma omp parallel shared(A) private(B)
2  {
3      ...
4      #pragma omp task
5      {
6          int C;
7          compute(A, B, C);
8      }
9  }
```

图 7-8　任务的数据环境示例。A 为 shared，B 为 firstprivate，C 为 private

C 是在任务构造内部声明的，它是 private 的。这是其他 OpenMP 构造中熟悉的规则。如果一个变量被声明在一个代码块里面，它就是私有的。当我们从代码块中退出后，这个私有变量将超出范围且不可用。

B 是私有的，当遇到任务区域时，它是 firstprivate。由于一个任务可以被推迟，而且从任务生成到执行时，一个变量的值可能会发生很多事情，所以它将被默认为 firstprivate，因为这是安全的行为。firstprivate 将创建一个私有变量，它将用遇到任务构造时的原始变量初始化它。这个特性在 OpenMP 任务中被广泛使用。

综上所述，关于任务的数据作用域范围，变量对于任务来说可以是 shared、private 或 firstprivate，与其他任何 OpenMP 构造一样。与线程相比，下面的概念有些不同：

❑ 数据环境绑定的是任务，而不是遇到任务的线程。

❑ 如果一个变量在任务构造上是 shared，那么在构造内部对它的引用是指向遇到任务时这个共享变量的同一个地址空间。

❑ 如果一个变量出现在任务构造上的 private 子句中，那么构造内部对它的引用是指向任务执行时新创建的未初始化的存储空间。

❑ 如果一个变量在任务构造上是 firstprivate，构造内部对它的引用是指向一个新的具有相同变量名的存储，该存储在遇到任务时被创建并以该变量的值初始化。

7.6.2 利用任务重新审视链表程序

现在我们准备重新审视链表程序，并使用 OpenMP 任务将其并行化。图 7-9 显示了这种优雅而简单的解决方案，并与图 7-2 中烦琐的三次扫描方案进行比较。

```
1   #pragma omp parallel
2   {
3      #pragma omp single
4      {
5         p = listhead ;
6         while (p)
7         {
8            #pragma omp task firstprivate(p)
9            {
10              process (p);
11           } // end of task creation
12           p = p->next;
13        }
14     }  // end of single region
15  } // end of parallel region
```

图 7-9　带任务的链表。与图 7-2 中的三次扫描方案相比，带 OpenMP 任务的实现更加优雅

OpenMP 并行构造创建一个线程组。一个线程打包任务，其他线程在栅栏处等待，并对放在队列中的任务进行处理。

单个线程首先抓取列表的头部，然后用 while 循环遍历链表，并将每个节点的进程打包成一个任务，然后继续下一个节点，直到列表用完。当执行 single 区域的线程完成创建任务后，就会和其他线程一起执行任务。

注意第 8 行的 task 指令使用了 firstprivate 子句。这是因为我们需要在创建任务时捕获相关的数据环境，并将其与任务打包。

7.7 利用任务的基础设计模式

我们经常使用一个"Hello World"程序作为我们的第一个程序，无论是串行的 C 或 Fortran 代码，还是并行的 MPI 或 OpenMP 代码，或者是其他编程语言。对于规则问题的并行编程中，类似的"Hello World"程序就是我们的 Pi 程序。对于不规则的应用，图 7-10 中的斐波那契程序就是我们的"Hello World"程序。我们知道这是一种糟糕的计算斐波那契数的方法。尽管如此，它是展示处理任务的关键设计模式的极好方法，所以并行计算教育者经常使用它。

斐波那契数列定义为 F(n)=F(n-1)+F(n-2)，当 n=0 和 n=1 时，给定初始值。虽然这段代码显示了一个低效的 $O(n^2)$ 递归实现，但它适合说明适用于不规则应用的 OpenMP 任务的概念。

```
1   int fib (int n)
2   {
3       int x,y;
4       if (n < 2) return n;
5
6       x = fib(n−1);
7       y = fib(n−2);
8       return (x+y);
9   }
10
11  int main()
12  {
13      int NW = 5000;
14      fib(NW);
15  }
```

图 7-10 斐波那契例子串行递归的实现

在这段代码中，它首先定义了终止递归的终止条件。在这种情况下，当 n<2 时，它终止递归。然后对于较大的 n 值，它调用 x=fib(n-1)，y=fib(n-2)，并返回 x+y。这里的 fib(n-1) 将递归调用 fib(n-2) 和 fib(n-3)，直到到达终止递归的终止条件。

让我们考虑如何使用 OpenMP 任务实现并行化斐波那契程序。

图 7-11 是并行实现的情况。每一次计算 fib(n-1) 和 fib(n-2) 都可以看作是一个任务，每个任务可以创建子任务来计算 fib(n-2) 和 fib(n-3) 等。

```
1   int fib (int n)
2   {
3       int x,y;
4       if (n < 2) return n;
5
6   #pragma omp task shared(x)
7       x = fib(n−1);
8   #pragma omp task shared(y)
9       y = fib(n−2);
10  #pragma omp taskwait
11      return (x+y);
12  }
13
14  int main()
15  {
16      int NW = 5000;
17      #pragma omp parallel
18      {
19          #pragma omp single
20          fib(NW);
21      }
22  }
```

图 7-11 使用 OpenMP 任务并行实现斐波那契程序。两个任务递归创建子任务，taskwait 确保直接子任务在合并前完成。定义了当 n<2 时退出递归的终止条件

我们递归地生成函数调用，并建立一个二进制的任务树。一个任务只有在该树上它下面的所有任务都完成后才能完成，这是用 taskwait 强制执行的。taskwait 确保 fib(n-1) 和 fib(n-2) 两个任务都完成了，才能将它们组合起来返回 fib(n) 的结果。

为了使 x 和 y 在每个任务的数据环境之外可用，它们必须被共享。它们被声明在 fib() 函数中（第 3 行），这使得它们对遇到第 6 和 7 行任务构造的线程来说是私有的。因此，我们必须在任务指令上使用 shared 子句来强制它们被共享。

注意在主程序中，fib(NW) 是由一个并行区域内的单线程调用的。单线程创建计算 x 和 y 的任务，其他线程在栅栏处等待，并处理创建的任务和子任务。但是，如果在并行区域内不调用 fib(NW)，就不会有线程来并行执行程序。我们说 single 构造是一个孤儿构造，也就是说，它是一种不需要线程组来执行它的 OpenMP 构造。

7.7.1　分而治之模式

斐波那契程序中使用的算法是经典的分而治之模式。这是递归程序的基本模式，就像循环级并行模式是基于网格的规则网格代码的基本模式一样。

在分而治之的模式下，我们递归地将问题分割成越来越小的子问题，直到子问题变得足够小，以至于直接解决它们就可以。然后，我们将直接解决的子问题反过来，将它们在树上合并，生成最终的解决方案。图 7-12 说明了这种分而治之的模式。

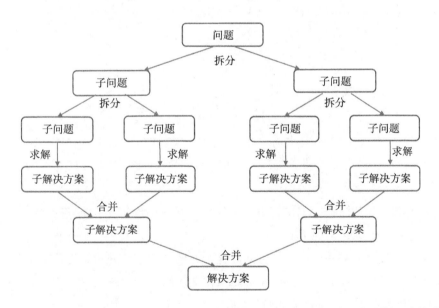

图 7-12　分而治之模式图解。该模式分为三个部分：递归拆分成一个子问题树，直接求解，然后合并"回到树上"，得到整体解决方案

在实现分而治之算法时，要做的决定之一就是何时进行直接求解。在我们的斐波那契程序中，我们一路分割到 fib(1) 和 fib(2)。通常，定义的终止条件（即直接求解的问题）要大得多，以平衡分割成越来越小的子问题与直接求解的成本。例如，在一个分而治之

的线性方程求解器中，可能会选择的终止条件是刚刚填满处理器最后一级缓存的问题大小。

一般来说，在这种模式下，有 3 种工作可供选择：可以在拆分子问题时做工作，也可以只在叶子处做工作（在求解步骤），还可以在重新组合时做工作（在合并子解时）。并行性从这种模式中自然而然地出现，因为每个单独的解、拆分和合并步骤通常可以并行进行。

斐波那契问题是分而治之模式的一个比较直接的例子。其他例子包括动态规划、符号推理程序，甚至有限元代码。

我们将用数值积分程序（即 Pi 程序）来展示如何用面向循环的算法来使用分而治之模式。我们在图 7-13 中再次呈现现在熟悉的基于循环的 Pi 程序。

```
1   #include <stdio.h>
2   #include <omp.h>
3   static long num_steps = 1024*1024*1024;
4   double step;
5   int main()
6   {
7       int i;
8       double x, pi, sum = 0.0;
9       double start_time, run_time;
10
11      step = 1.0 / (double) num_steps;
12
13      start_time = omp_get_wtime();
14
15      for (i = 0; i < num_steps; i++) {
16          x = (i + 0.5) * step;
17          sum += 4.0 / (1.0 + x * x);
18      }
19
20      pi = step * sum;
21      run_time = omp_get_wtime() - start_time;
22      printf("pi = %lf, \%ld steps \%lf, \%lf secs\n ",pi,
23                      num_steps, run_time);
24  }
```

图 7-13 使用中点规则进行数值估算定积分的串行 Pi 程序。除了将累计和加到 sum 之外，
        循环迭代是独立的

我们需要思考如何将全部问题拆分为子问题，终止条件是什么（当我们停止拆分为更小的子问题时）以及合并步骤如何工作。

我们可以通过将循环一分为二的方式将这个问题分割成子问题。为了避免在分割循环时出现奇数边界条件，我们将积分的步数定义为 2 的较大幂。我们定义了一个函数，用于计算循环迭代的连续子集上的部分和。

```
double pi_comp(int Nstart, int Nfinish, double step)
```

在这个函数里面，我们实现了递归分割：

```
long iblk = Nfinish - Nstart;
sum1 = pi_comp(Nstart, Nfinish - iblk/2, step);
sum2 = pi_comp(Nfinish - iblk/2, Nfinish, step);
```

现在我们需要决定终止条件。这是在优化最终程序时改变的一个参数。根据经验，我们知道拆分阶段的开销与计算量相比是很大的，所以我们把终止条件做得相当大。我们用一个参数 MIN_BLK 表示终止条件，并测试子问题的大小是否小于 MIN_BLK，在小于的情况下，我们将直接求解。我们把所有部分放在一起，形成图 7-14 中的一个串行程序。

```
1   #include <omp.h>
2   static long num_steps = 1024*1024*1024;
3   #define MIN_BLK 1024*256
4   double pi_comp(int Nstart, int Nfinish, double step)
5   {
6       int i, iblk;
7       double x, sum = 0.0, sum1, sum2;
8       if (Nfinish - Nstart < MIN_BLK){
9           for (i = Nstart; i < Nfinish; i++) {
10              x = (i + 0.5) * step;
11              sum += 4.0 / (1.0 + x * x);
12          }
13      }
14      else {
15          iblk = Nfinish - Nstart;
16          sum1 = pi_comp(Nstart, Nfinish - iblk/2, step);
17          sum2 = pi_comp(Nfinish - iblk/2, Nfinish, step);
18          sum = sum1 + sum2;
19      }
20  return sum;
21  }
22
23  int main ()
24  {
25      int i;
26      double step, pi, sum;
27      step = 1.0 / (double) num_steps;
28      sum = pi_comp(0, num_steps, step);
29      pi = step * sum;
30  }
```

图 7-14　使用分而治之模式的串行 Pi 程序。为了使代码更简单，我们选取的步数是 2 的幂，这样我们就可以将步数反复分成两半，并始终创建被 2 整除的区间

先看 pi_comp() 函数里面的拆分步骤。需要了解子问题是如何由定义问题的输入项形成的，然后实现终止条件。正如所看到的，这只是 Pi 程序中熟悉的循环，当一个子问题的迭代次数低于 MIN_BLK 时，我们就会使用这个循环。然后作为最后一步，我们编写主程序，启动递归过程。

此时，我们建议你停止阅读。转到图 7-14，看看你是否能看到在哪里添加 OpenMP 指令来创建这个程序的任务并行版本⊖。如果需要一些提示来帮助你解决这个问题，请回看图 7-11 中的斐波那契程序。解决方案如图 7-15 所示。

⊖　递归 Pi 程序可以在我们的 OpenMP 通用核心网站（http://www.ompcore.com）上找到。

```
1    #include <omp.h>
2    static long num_steps =  1024*1024*1024;
3    #define MIN_BLK 1024*256
4    double pi_comp(int Nstart, int Nfinish, double step)
5    {
6        int i, iblk;
7        double x, sum = 0.0, sum1, sum2;
8        if (Nfinish − Nstart < MIN_BLK){
9            for (i = Nstart; i < Nfinish; i++){
10               x = (i + 0.5) * step;
11               sum += 4.0 / (1.0 + x*x);
12           }
13       }
14       else {
15           iblk = Nfinish − Nstart;
16           #pragma omp task shared(sum1)
17               sum1 = pi_comp(Nstart, Nfinish − iblk/2, step);
18           #pragma omp task shared(sum2)
19               sum2 = pi_comp(Nfinish − iblk/2, Nfinish, step);
20           #pragma omp taskwait
21               sum = sum1 + sum2;
22       }
23   return sum;
24   }
25
26   int main()
27   {
28       int i;
29       double step, pi, sum;
30       step = 1.0 / (double) num_steps;
31       #pragma omp parallel
32       {
33           #pragma omp single
34           sum = pi_comp(0, num_steps, step);
35       }
36       pi = step * sum;
37   }
```

图 7-15　使用任务的并行 Pi 程序。它是用分而治之的模式来完成的，将问题分成两个子任务来计算 sum1 和 sum2，递归求解每个任务，然后合并结果

整体结构直接参照串行代码。在主程序中创建一个线程组，然后组里面的一个线程（使用 single 构造）开始递归过程。拆分阶段会创建两个任务来计算 sum1 和 sum2。这两个都需要是共享变量，这样在任务完成后，它们仍然会存在。taskwait 确保这些任务在合并 sum1 和 sum2 之前完成。

仔细思考这个基于任务的递归代码是如何执行的。因为每次拆分后都有 taskwait 指令，所以会建立一个被阻塞的任务树，等待子解决方案来进行。想象一个等待子解驱动合并的任务树。最后，递归拆分达到了子问题直接求解的终止条件。这时，随着子解释放等待的任务，树就会坍塌，问题很快就会并入完全解。

表 7-4 显示了 Pi 使用任务的结果。与我们在前几章所研究的其他并行算法相比，Pi 任务的性能优势突出。

在这种特殊情况下，带任务的性能与 SPMD 的最佳结果相当，甚至超过了循环级并行的结果。这是个不寻常的案例。通常情况下，不应该在 OpenMP 已经很好支持的情况下使用任务。

表 7-4　数值积分程序的运行时间（以秒为单位），包括有无数组填充、使用临界区、使用
　　　　并行共享工作循环和使用并行任务，串行程序运行时间为 1.83 秒

线程数量	第 1 个 SPMD	有数组填充的第 1 个 SPMD	使用临界区的 SPMD	使用并行共享工作 循环的 Pi 程序	使用并行任务的 Pi 程序
1	1.86	1.86	1.87	1.91	1.87
2	1.03	1.01	1.00	1.02	1.00
3	1.08	0.69	0.68	0.80	0.76
4	0.97	0.53	0.53	0.68	0.52

由于生成任务的线程只有一个，因此任务会产生相当大的额外开销。运行时系统必须将任务分配给线程来管理任务队列。最后，任务运行时系统必须支持同步过程，以唤醒等待其他任务完成的任务。

7.8　结束语

在本章中，我们谈到了规则问题与不规则问题。最初 OpenMP 专注于用循环嵌套来描述的规则问题，但是有很多问题是不规则的，不适合用一组循环定义的基本索引空间。OpenMP 需要发展以支持这些问题。我们需要任务。

然后，我们描述了任务，以及任务是什么。具体来说，一个任务就是代码和数据环境。这个数据环境与我们学过的线程的数据环境有很大的相同之处，但由于一个任务可以被推迟，所以关于变量如何在数据环境中移动的规则略有不同。最大的区别在于，对于原本是私有的变量，OpenMP 会让它们成为任务的 firstprivate 变量。换句话说，在生成任务的时候就捕获了这些变量的值，所以当计算需要时，这些值就在那里。

然后我们解释了递归斐波那契程序的分而治之模式。这个简单的程序涵盖了将分而治之模式应用于实际问题所需的大部分概念。为了让大家明白这一点，我们又将分而治之模式应用到第二个问题中：本书前面广泛使用的 Pi 程序。

任务是伟大的，它极大地扩展了用 OpenMP 可以解决的问题的范围。然而，任务管理会增加开销。我们的建议是，如果有一个自然的方法来解决你的问题，使用 OpenMP 通用核心的其余部分，不要使用任务。不要期待运行时系统能带来奇迹。当使用任务时，应该花费时间来优化任务的数量和粒度。

OpenMP 内存模型

我们使用 OpenMP 编写多线程程序。线程共享内存并同时执行，也就是说，不同线程发出的指令是没有先后顺序的，这意味着线程可以同时处理很多事情，因为"无序"意味着它们可以同时活动并取得进展。如果有多个处理器供这些线程运行，这些并发线程将并行运行，程序的工作将在更短的时间内完成。

并发是 OpenMP 的基础。当并发线程的操作只从共享内存中读取值，并写入每个线程均不同的地址范围（即不重叠）时，编写一个既快又正确的多线程程序是很直接的。然而，当并发线程要向共享内存中的重叠地址读写时，程序员必须给不同线程产生的共享内存操作定义一个顺序，使它们不发生冲突。

如果两个或多个线程对内存中的相同地址执行混合读写操作，且这些读写操作没有被同步操作排序，则程序存在数据竞争。对于涉及数据竞争的地址，内存中的最终值是未定义的。也就是说，程序的结果是未定义的，程序是无效的。

一种解决方案是只编写多线程程序，不对共享内存的重叠区域进行混合读写。这些程序被称为易并行程序（embarrassingly parallel program）。它们很容易编写，并且可以提供令人印象深刻的加速比。不幸的是，大多数算法都不是易并行的。大多数问题都是围绕需要并行更新的数据结构组织的，这就转化为多个并发线程对内存中重叠的地址范围进行读写。

我们已经多次提到过这个问题。在讨论同步时，我们描述了 barriers 和其他 OpenMP 构造（如 critical），这些构造管理内存冲突并支持无竞争程序的编写。在本章中，我们将重新审视这个问题，并提供一些更底层的细节，以了解如何编写正确的程序，使并发线程对共享内存中的重叠地址进行混合读写。与 OpenMP 通用核心背后的指导原则一致，我们将专注于共享内存工作所需的有限规则子集。这些规则足以满足大多数并行应用程序员的需求，但规避了一些高级并发算法设计者可能需要考虑的更复杂的问题。那些更高级的共享内存主题将留到第 11 章，届时我们将"超越通用核心"。

8.1　重新审视内存层次结构

我们在 1.3.1 节中介绍了典型多处理器 CPU 的内存层次结构。在本节中，我们将重新审视多处理器 CPU，并考虑当从多个并发线程的角度看时，它如何与变量的值进行交互。为了简化讨论，我们将考虑一个双核 CPU。我们在图 8-1 中展示了一个双核 CPU 的示意图。

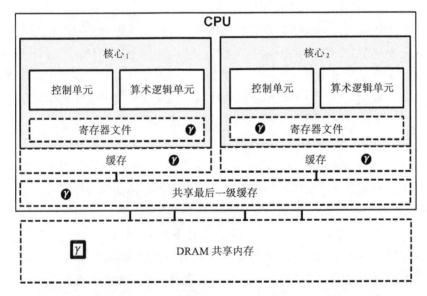

图 8-1　双核 CPU 的简化视图，通过使用虚线框突出了内存层次结构。变量 γ 代表共享内存中具体的地址，这里显示为方块。在任何给定时刻，与该地址相关联的值可能存在于内存中的每一级，如黑圈中的变量名称所示

变量是内存中一个地址的名称，这个内存可能是虚拟内存或者是物理内存。现在，让我们专门讨论一下物理内存，这意味着一个变量是随机存取存储器（RAM）中的一个位置。在大多数系统中，RAM 是通过动态随机存取存储器（DRAM）来实现的。正如我们在 1.3.1 节中所讨论的那样，相对于 CPU 上的时钟来说，访问 DRAM 中的值的时间很长，所以内存层次结构由靠近处理器核心的较快的存储器的层次结构组成。速度最快的存储器是 CPU 的低级指令集直接访问的寄存器文件。

层次结构的下一层是缓存。缓存中的一个存储位置与在内存中某个位置的一个连续的变量块相关联，即所谓的缓存行。缓存不是一个独立的地址空间，它是一个保存来自共享地址空间（共享内存）的临时副本值的缓冲区。一个或多个层级的高速缓存紧密集成在一起且紧邻每个核心。然后，通常还有一个离核心最远的较大的高速缓存（最后一级高速缓存），如在图 8-1 的情况下，它是由所有核心共享的。

考虑图 8-1 中的变量 γ。在内存中只有一个地址和一个由该地址的若干字节代表的单一值。在整个内存层次结构中，从寄存器文件到各级缓存，都有变量 γ 的临时值。缓存一致性协议管理这些值，并保证随着时间的推移，它们提供了一个共同的内存视图。然而，在任何给定的时刻，γ 的值可能是不一致的。换句话说，寄存器中存储的值可能与各级缓存中的值不同，而各级缓存中的值可能与 DRAM 中的值不同。存储一致性的主题是解决这些值以及它们在固定时间点上如何相互变化的问题。当它们被允许在任何给定的时间点上有所不同时，我们说系统具有一个宽松的内存一致性模型。

任何我们可能使用的 OpenMP 系统都使用了一个宽松的内存一致性模型。考虑另一种选择，即在一个系统中，给定变量在内存层次结构中的值被强制在每个时间点上保持一致。这就需要对共享变量的更新强制执行一个固定的顺序，并且每次更新变量时都要在内存层次结构中移动变量的副本。更新共享变量的代码必须被序列化，这将给除易并行程序外的所有程序带来巨大的开销。因此，多处理器系统使用宽松的内存一致性模型。任何适合多处理器系统的编程模型都必须应对这一现实。

宽松的内存模型会导致一些异常的结果。考虑图 8-2 中的程序。对于线程 0 来说，程序顺序表明 x 被设置为 1，紧跟着的是 x 对变量 r 赋值。你会认为在线程 1 上，如果它看到 r==1 的值，则只能在对 y 的赋值中看到 x 的值为 1。然而，在内存层次结构中的变量值并不强制在两个线程之间保持一致。这种情况并不经常发生，但如果反复运行这个程序，就会出现线程 1 上 r==1 和 x==0 的情况。两个线程之间对共享变量 r 和 x 的读写顺序是无序的。如果没有同步构造来强行规定固定的顺序，程序就会包含数据竞争，并且是无效的。

在编程语言中使用的一组规则称为内存模型，该规则定义了读取共享变量时可以加载的值。OpenMP 内存模型是基于 C++ 编程语言定义的内存模型。在 OpenMP 5.0 版本的规范中，它占据了很多页，分布在整个规范的文档中，大多数有经验的并行程序员无法完全理解这些内容。对于通用核心，我们定义了内存模型的一个子集。它很容易理解，对于大多数应用程序员来说，这就是他们所需要的全部内容。

```
1    #include <omp.h>
2    #include <assert.h>
3
4    int main()
5    {
6       int x = 0, y = 0, r = 0;
7       omp_set_num_threads(2);       // request two threads
8       #pragma omp parallel
9       {
10          int id = omp_get_thread_num();
11          #pragma omp single
12          {
13              int nthrds = omp_get_num_threads();
14
15              // verify that we have at least two threads
16              if (nthrds < 2) exit(1);
17          } // end of single region
18
19          if (id == 0) {
20              x = 1;
21              r = x;
22          }
23          else if (id == 1) {
24              if (r == 1) {
25                  y = x;
26                  assert (y == 1);  // Assertion will occasionally fail;
27                                     // i.e., r == 1 while x == 0
28              }
29          }
30      } // end of parallel region
31  }
```

图 8-2　一个带有竞争条件的程序。宽松的内存模型允许断言失败，即 id==1 的线程可以
　　　　观察到内存中出现 r==1，且 x 仍然是 0，从而导致 y=0

8.2　OpenMP 通用核心内存模型

OpenMP 最初的内存模型（从技术规范的 1.0 版本开始）是用一个叫作冲刷（flush）的
操作来定义的。冲刷强制线程变量的临时视图与内存中（即 RAM 中）的变量值保持一致。
正在读取的变量被标记为无效，所以下次访问它们时将从内存（而不是寄存器或缓存）中加
载。被线程写入缓存、寄存器文件或任何形式的写缓存区的变量，也会被写入内存。

冲刷适用于线程间共享的所有变量。这个变量集称为冲刷集（flush set）。在 OpenMP
中，有一些方法可以定义一个只包含共享变量子集的冲刷集，但是很难正确使用这种形式
的冲刷，除了最高级的程序员之外，不建议使用。

理解 OpenMP 内存模型的下一个要素是考虑编译器如何围绕冲刷实现重排序操作。程
序文本中的语句定义了一系列对内存的加载和存储操作，我们称之为程序顺序。编译器将
对这些加载和存储操作进行重排序以优化性能，这就是编译器顺序。现代微处理器可以在
运行时进一步重排序这些操作，这就是执行顺序。这些重排序会对性能产生巨大的影响。
如果禁用这些重排序，我们会对系统的性能严重不满。

　　与微处理器架构紧密配合的编译器向程序员保证，他们在内存操作中只需遵守程序顺序。编译器顺序和执行顺序可能与程序顺序有根本性的不同，但这些差异是观察不到的。然而，编译器在考虑程序中的指令顺序时，只了解单线程的执行情况。当多个线程对一组重叠的变量进行混合的加载和存储操作时，编译器重排序操作可能会引入数据竞争而破坏程序。

　　因此，OpenMP 的内存模型限制了编译器在使用来自冲刷集的变量时如何进行重排序操作。在一个正确同步的程序中，无法观察到任何来自冲刷集的变量在一次冲刷中被移动的执行顺序。这意味着，在冲刷之前的写操作必须在冲刷操作结束之前完成并写入内存。同样，跟随冲刷的读和写在冲刷结束之前也不能发生。

　　利用冲刷和在针对冲刷的编译器重排序操作的约束下，如果线程依次执行以下步骤，就可以安全地进行混合读写共享变量的操作：

　　1. 值被第一个线程写入一个共享变量。

　　2. 第一个线程发出 OpenMP 冲刷操作。

　　3. 第二个线程发出 OpenMP 冲刷操作。

　　4. 第二个线程读取共享变量的值。

　　这里的关键词是"依次"。第一个线程上的操作将始终被观察到是按程序顺序运行的。第二个线程上的操作同样将始终被观察到是按程序顺序运行的。此时需要一个顺序约束，即同步操作，以保证两个线程上的冲刷发生在线程 1 的写和线程 2 的读之间。这就是我们所谓的"正确同步"的意思。

　　冲刷是每个线程的操作。线程发起冲刷操作，对于发起冲刷操作的该线程，冲刷集的变量值与共享内存保持一致。但该线程不会显示另一个线程上的冲刷集的值。因此，共享变量值所涉及的所有线程都必须发起自己的冲刷操作。

　　冲刷不是同步操作。同步操作定义了两个或多个线程之间的顺序约束。冲刷只影响单个线程的内存操作，而不涉及其他线程的操作。冲刷是同步的一个重要方面，但冲刷本身不是同步操作。

　　因此，为了安全地混合对共享内存中的重叠范围值的读写操作，需要冲刷操作（以强制达到内存一致性）和同步操作。换句话说，需要同步操作来确保读和写与冲刷的顺序正确。对于 OpenMP 通用核心来说，这意味着需要使用栅栏或临界区构造来安全地对可能冲突的读写进行排序。

　　寻找一种积极地将并行开销降到最低的方法的高级程序员会小心翼翼地在同步操作周围铺设冲刷。然而，事实证明，把这件事做好是非常困难的。因此，虽然我们描述了冲刷的概念并使用它来定义 OpenMP 内存模型，但我们并没有在 OpenMP 通用核心中包含一个显式的冲刷。相反，我们利用了这样一个事实，即 OpenMP 在需要它们的地方暗含了一个冲刷。可以从冲刷中获得所需的功能，而不必显式地将冲刷放在各个线程中。

在 OpenMP 通用核心中，以下几点都隐含了冲刷：

❏ 当一个新的线程组被 parallel 构造分叉时。

❏ 当一个临界区构造被线程进入时。

❏ 当一个线程完成一个临界区并退出临界区时。

❏ 进入任务区域时。

❏ 从任务区域退出时。

❏ 在退出任务等待时。

❏ 在退出显式栅栏时。

❏ 在退出隐式栅栏时。

➤ 在一个并行区域的结尾。

➤ 在一个共享工作构造（worksharing-loop 或 single）的结尾，除非用 nowait 子句禁用。

如果程序员使用上述列表管理对共享变量的读写之间的顺序约束，他们就可以确信自己的程序是无竞争的。OpenMP 的实现为你解决了冲刷的问题。在实际应用中，这就导致了以下方框中总结的简单内存模型。

OpenMP 通用核心的内存模型

内存模型定义了一系列必须遵循的规则，这样就可以安全地混合对多个线程的共享变量的读和写。内存模型有三个组成部分：（1）限制编译器针对共享变量的读 / 写而移动指令的能力，（2）对在两个或多个线程之间执行的指令的排序约束，（3）使线程的共享变量（如缓存中的值）的临时副本与内存中的值保持一致的方法（即冲刷）。

在 OpenMP 通用核心中，我们使用包括对内存进行必要冲刷操作的同步构造。这些冲刷处理编译器的排序约束，并强制更新所需的内存。因此，我们用三个简单的规则来描述 OpenMP 通用核心中的内存模型。

❏ 当混合来自多个线程的共享变量的读写操作时，确保在写入和后续读取之间有一个栅栏（显式栅栏或隐式栅栏）。

❏ 在算法的控制流不支持栅栏的区域内更新共享变量时，要用临界区保护更新。

❏ 不使用变量的值来定义线程之间的排序约束，即使它们是以无竞争的方式更新的。顺序约束在通用核心中是通过栅栏来定义的。

8.3 使用共享内存

考虑图 8-3 所示的程序。这个程序执行的是迭代计算。一旦满足收敛参数或超过最大迭代次数，我们就会终止循环。我们不展示函数 doit() 的代码。在这个例子中，假设它对来自 A 的元素的一个不同子集进行易并行操作，其中该子集由线程 ID 选择。我们通过递增一个共享变量的值来跟踪迭代次数，如果迭代次数超过某个最大值，则退出 while 循环。

```
1
2    #include <omp.h>
3    #define TOL   0.0001
4    #define MAX   100000
5    #define NMAX 1000
6
7    //embarrassingly parallel computation, returns a convergence parameter
8    double doit(double *A, int N, int id);
9
10   int main()
11   {
12      int iter = 0;
13      int N = 1000;
14      double A[NMAX] = {0.0};
15      double conv=0.0;
16      #pragma omp parallel shared(A,N,iter) firstprivate(conv)
17      {
18         int id = omp_get_thread_num();
19         int nthrd = omp_get_num_threads();
20
21         while (iter < MAX) {
22            conv = doit(A, N, id);
23            if (conv < TOL) break;
24            if (id == 0) iter++;
25         }
26      } //end parallel region
27   }
```

图 8-3　一个更新可能不被完全共享的错误程序。这个程序在数组 A 的元素上执行迭代计算。假设函数 doit() 对由线程 ID 选择的数组 A 的一个固定子集进行了易并行的计算。如果 conv 的值没有在 while 循环中发出中断，并且共享变量 iter 没有在所有线程中传递允许它触发循环退出条件（iter<MAX），那么这个程序可能会陷入无限循环

问题是，iter 的更新值可能不会传递到其他线程。编译器在生成代码时通常不会考虑到其他线程的执行情况。编译器很可能会注意到在循环的每一次传递过程中，iter 只是简单地递增，因此没有理由去缓存行获取 iter 的新值，它可以直接将 iter 的值保存在寄存器中。如果没有冲刷，这个程序无法强制所有线程看到 iter 的更新值。这个问题的解决方法是把 iter 变成一个 firstprivate 变量，让每个线程更新它的私有变量副本。

另一个常见的问题发生在使用 nowait 子句来关闭共享工作循环构造结尾处隐含的栅栏时。考虑图 8-4 中的代码。在这个程序中，一个函数在循环内部被调用，结果被累计到一个归约变量中。正如我们前面所讨论的那样，栅栏是一种代价高的同步构造。如果线程中

的一个子集比其他线程花费更长的时间来完成其分配的循环迭代，线程就会在循环结束时等待并大大增加了并行开销。解决的办法是在 `parallel for` 构造上增加一个 `nowait` 子句，但前提是程序之后在并行区域内不使用循环结果。情况看来是这样的，所以程序员在图 8-4 中的共享工作循环构造中放置了一个 `nowait` 子句。问题是，不能保证产生变量 `sum` 最终结果的归约操作在循环之后的第一个栅栏之前完成。即便它完成了，如果没有冲刷，也不能保证 `sum` 的值在所有线程中是一致的。解决的办法是去掉 `nowait`，或者在调用使用 `sum` 的函数 `another_job()` 之前设置一个显式栅栏。

```
1   #pragma omp parallel shared(A, B, sum)
2   {
3      int id = omp_get_thread_num();
4      int nthrds = omp_get_num_threads();
5      #pragma omp for reduction(+:sum) nowait
6         for (int i = 0; i < N; i++) {
7            sum += big_job(A,N);
8         }
9      bigger_job(B, id);     // a function that does not use A
10     another_job(sum, id);  // sum may not be available
11  }
```

图 8-4　归约需要一个栅栏。这个程序在一个并行循环中进行计算，并利用归约将结果累计起来。循环后调用的函数使用 SPMD 模式并且不使用在循环中计算出的任何值，因此程序员使用了一个 `nowait` 子句。最后一个函数使用了可能不是所有线程都能使用的归约变量，因此只有在循环之后的下一个栅栏才能保证归约完成。因此，这是一个错误的程序

对于 OpenMP 通用核心，我们所涉及的内存模型是比较简单的。如果把自己限制在通用核心指令中，并小心翼翼地避免数据竞争，这个简化的内存模型将帮助你安全地编写许多共享内存算法。然而，通用核心十分有限，并且排除了一些重要的同步模式。特别是，OpenMP 通用核心的内容不支持线程对之间的同步。通用核心中唯一的同步构造是跨线程组工作的集合同步构造。

作为成对同步的一个例子，考虑图 8-5 中简单的生产者 – 消费者程序。我们首先确保运行时系统至少给我们两个线程，如果没有，我们就退出程序。如果有两个或两个以上的线程，我们可以继续进入程序。一个线程（生产者）将调用一个函数在数组 A 中产生一个结果，另一个线程（消费者）将等待直到生产者完成，这时它将调用一个函数来使用这个结果。

这个程序提供了一个典型的成对同步（pairwise synchronization）的例子。两个特定的线程之间需要强制执行一个排序约束，即一个线程必须在下一个线程开始之前完成一个函数。一个常见的方法是用自旋锁（spin-lock）来实现。一个共享变量被用作标志，在两个线程之间发出条件信号。它被设置为一个初始值（在这种情况下为零），消费者会等待，直到变量改变值。它通过在一个 `while` 循环中旋转直到变量发生变化来实现。

```
1    int flag = 0;  // a flag to communicate when the consumer can start
2
3    #pragma omp parallel shared(A, B, flag)
4    {
5        int id = omp_get_thread_num();
6        int nthrds = omp_get_num_threads();
7
8        // we need two or more threads for this program
9        if ((id == 0) && (nthrds < 2)) exit(-1);
10
11       if (id == 0) {
12           produce(A);
13           flag = 1;
14       }
15       if (id == 1) {
16           while (flag == 0) {
17               // spin through the loop waiting for flag to change
18           }
19       consume (A);
20       }
21   }
```

图 8-5 成对同步——生产者 – 消费者模式，一个线程产生一个结果，另一个线程将使用这个结果。这个程序使用自旋锁让消费者等待生产者完成。注意：这个程序没有正确同步，按此编写的程序将无法工作

一般概念比较直接，如图 8-5 所示。然而，这个程序是不正确的，它需要使用的 OpenMP 特性远远超出了通用核心的范围。需要一个冲刷来保证两个线程都能看到标志变量一致的值。然而，我们讨论的冲刷并不是一个同步构造。它使各个线程保持对内存的一致性，但并没有在线程之间施加顺序约束。该程序中还有另外的问题，即存储（写）标志变量的操作和后来加载（读）标志变量的操作不是原子操作。原子操作是不可中断的，要么完成，要么根本不执行。在某些计算机上，对于适合一个机器字长的变量，基本的加载和存储都默认为原子操作。例如，x86 架构就是这种情况。但一般情况下不是这样，因此程序员不应该依赖默认情况下的加载和存储的原子性。

对成对同步的需求很少，大多数程序员的整个职业生涯都不需要写这样的代码。这是好事，因为使用正确的冲刷和将原子构造放置正确以使这些类型的程序正确运行是很困难的，而且极其容易出错。如果对这些更高级的功能是如何工作的感兴趣，我们将在本书的下一部分探讨 OpenMP 超越通用核心的功能时重新考虑这个问题。

8.4 结束语

在本章中，我们介绍了多线程在共享地址空间中运行所带来的问题。任何时候，当多个线程读写内存中相同的位置时，程序有可能在更新变量时发生竞争，且产生的程序结果是未定义的。这些数据竞争是非常危险的，因为编译器在大多数情况下无法检测到这个错误。程序将运行并产生看起来可能合理的结果。它甚至可能通过正确性测试。然而，数据

竞争意味着程序是未定义的，可能会偶尔产生灾难性的答案。

　　因此，程序员必须非常小心地编写不包含数据竞争的程序。如果你把自己限制在通用核心定义的简化内存模型中，这一点就容易得多。虽然许多重要的算法不能由 OpenMP 的通用核心子集来解决，但事实证明，对于大多数使用并行计算机的应用程序员来说，这种策略是有效的。

　　如果需要成对进行同步或使用复杂的并发数据结构，其中同步协议被集成到数据结构本身，那么将需要 OpenMP 的全部功能，还将需要大量的并发算法方面的专业知识。严肃地说，大多数应用程序员可能永远不应该做这样的尝试。如果需要使用超越通用核心中定义的内存模型，那么最好向专家寻求帮助。

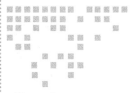

Chapter 9 | 第 9 章

通用核心回顾

我们现在已经涵盖了构成 OpenMP 通用核心的指令、子句和库例程。我们的旅程分五个阶段进行:

- ❑ **线程和 OpenMP 编程模型**。我们学习了线程以及如何管理它们。这包括分叉一个线程组、同步和合并一个线程组。我们还学习了 SPMD 设计模式。
- ❑ **并行化循环**。我们介绍了共享工作循环构造,它用于在一组线程之间分割由循环定义的工作。使用循环级并行的一个重要部分是控制线程的执行调度和使用归约的方式。
- ❑ **OpenMP 数据环境**。数据环境是一个区域内可见的变量集,我们学习了变量如何进出数据环境的默认规则,以及可以用来修改这些规则的一组子句。
- ❑ **OpenMP 任务**。任务大大扩展了 OpenMP 可以解决的算法。我们了解了任务、任务的数据环境,以及任务经常使用的分而治之的设计模式。我们还解决了第二个共享工作构造——single 构造。
- ❑ **OpenMP 内存模型**。当线程读写重叠的变量集时,可以合法地返回什么值? 这就是内存模型,我们了解了使用的 OpenMP 通用核心的简化内存模型。

五个主题组织成五个章节,涵盖了开放的通用核心。我们对本书的处理方法侧重于教学法,即将主题分解成小块,按照能支持有效学习的顺序介绍。如果目标是帮助人们学习,这才是呈现素材的正确方式。如果想要参考指南,那这是一个可怕的呈现素材的方式,你可能需要一个可以快速查找通用核心项的地方。

在本章,也就是介绍 OpenMP 通用核心的最后一章中,我们提供了这种参考指南。假设你已经阅读了前面的五章，不需要我们描述任何 OpenMP 概念。你只是需要一个地方来查找 OpenMP 通用核心的详细语法和基本语义，以支持你的编程工作。

9.1　管理线程

一个线程遇到一个 `parallel` 构造，就会创建一个线程组。每个线程执行紧跟并行指令的结构化块中的代码，加上结构化块内调用的任何函数中的代码。在并行构造内运行的全部代码集称为并行区域。并行构造是 OpenMP 中创建线程的唯一方法。我们在表 9-1 中总结了该构造的语法和可用子句。

表 9-1　C/C++ 和 Fortran 中的并行构造。该构造形成一个线程组并开始并行执行，列入通用核心的子句如表所示

```
#pragma omp parallel [clause[[,] clause]...] new-line
    structured block
!$omp parallel [clause[[,] clause]...]
    structured block
!$omp end parallel
```

```
shared (list)
private (list)
firstprivate (list)
default(none)
reduction (operator:list)
```

并行构造分叉的线程组的大小由内部控制变量 nthreads-var 给出[⊖]。但是，运行时系统可能会给出比请求的线程数量少的线程。一旦形成，组的大小就固定不变，直到并行区域结束。遇到并行构造的线程是组的一部分。它被称为主线程，线程 ID 等于 0。

9.2　共享工作构造

一个组中的所有线程都会遇到共享工作构造。它按照指令在组内线程之间分配结构化块中的工作。一个共享工作构造隐含着在构造末尾的栅栏，这个栅栏可以用一个 `nowait` 子句关闭。

OpenMP 通用核心中有两个共享工作构造：

❑ 共享工作循环构造
❑ `single` 构造

⊖　内部控制变量（Internal Control Variable，ICV）是由 OpenMP 运行时系统维护的对象。它是"不透明的"，这意味着实际的对象是对用户隐藏的。我们使用 ICV 的概念来描述 OpenMP 系统的特征如何随着程序的运行而改变。

共享工作循环构造如表 9-2 所示。共享工作循环指令后面是一个循环，该循环的迭代将在线程组中进行分配。OpenMP 通用核心中使用的循环构造对 `for` 循环使用以下规范形式：

```
for (init-expr; test-expr; incr-expr)
    structured block
```

基本上，编译器必须能够使用循环控制结构中的表达式来构建线程之间划分循环迭代块的逻辑。这要求一个组中的所有线程都会遇到共享工作循环构造，而且它们必须看到循环控制结构中使用的任何变量的相同值。需要注意的是，被共享工作循环构造并行的循环控制索引将被声明为一个私有变量。在通用核心中，有两种调度类型：

- ❏ 静态：将迭代划分为大小为 chunk_size 的块，并按照线程号的顺序，周期分配给组中的线程。
- ❏ 动态：每个线程先执行一个迭代块，然后再请求另一个迭代块，直到没有剩余。

表 9-2 C/C++ 和 Fortran 中的共享工作循环构造。该构造指定相关循环的迭代将由组中的线程并行执行。共享工作循环构造是一个共享工作构造，它有一个隐式栅栏，除非用 `nowait` 关闭。表中列举了通用核心中包含的子句

#pragma omp for *[clause[[,] clause]...]* *new-line*
    for-loops
 !$omp do *[clause[[,] clause]...]*
    do-loops
 !$omp end do *[nowait]*

private *(list)*   **firstprivate** *(list)*   **nowait**   (C/C++)   **reduction** *(operator:list)*   **schedule** *(kind[, chunk_size])*

通用核心中包含的另一个共享工作构造是 `single` 构造，如表 9-3 所示。组中的所有线程都会遇到 `single` 构造。一个线程在与该构造相关联的结构化块所定义的区域内执行代码。其他线程在构造结尾所隐含的栅栏处等待，除非该栅栏已被 `nowait` 子句禁用。

表 9-3 C/C++ 和 Fortran 中的 `single` 构造。这个构造指定相关的结构化块只由组中的一个线程执行，它有一个隐式栅栏，除非用 `nowait` 关闭。表中列举了通用核心中包含的子句

#pragma omp single *[clause[[,] clause]...]* *new-line*
    structured block
 !$omp single *[clause[[,] clause]...]*
    structured block
 !$omp end single *[nowait]*

private *(list)*   **firstprivate** *(list)*   **nowait**   (C/C++)

9.3　组合式并行共享工作循环构造

OpenMP 定义了一些情况，在这些情况下，两个构造可以组合成一个构造，其语义与相继调用这两个构造完全相同。在 OpenMP 通用核心中，我们有一个这样的组合式构造，表 9-4 中描述的并行共享工作循环构造。

表 9-4　C/C++ 和 Fortran 中的组合式并行共享工作循环构造。这个组合式构造指定了一个并行构造，包含一个共享工作循环构造以及一个或多个关联循环。表中列出了通用核心中的子句。它接受并行或 for/do 指令所接受的任何子句，但 nowait 子句除外

```
#pragma omp parallel for [clause[[,] clause]...]  new-line
    for-loops
!$omp parallel do [clause[[,] clause]...]
    do-loops
!$omp end parallel do
```

```
shared (list)
private (list)
firstprivate (list)
reduction (operator:list)
schedule (kind[, chunk_size])
```

9.4　OpenMP 任务

任务提供了一种更灵活的方式来表达 OpenMP 中的并行性。它们支持多种不规则算法。表 9-5 中定义了创建显式任务的构造。遇到任务构造的线程会将任务的代码和相关的数据环境打包成一个任务。该线程可以选择立即执行任务，或者推迟执行。基本上，如果推迟执行，任务就会被放在工作队列中。可用的线程将对队列中的任务进行处理，直到队列清空为止。

表 9-5　C/C++ 和 Fortran 中的任务构造。该构造定义了一个显式任务。任务的数据环境是根据任务构造的数据共享属性子句和任何适用的默认值创建的。通用核心中包含的子句如下

```
#pragma omp task [clause[[,] clause]...]  new-line
    structured block
!$omp task [clause[[,] clause]...]
    structured block
!$omp end task
```

```
shared (list)
private (list)
firstprivate (list)
default(none)
```

对于任务，常见的做法是让一个线程在 single 构造内部创建任务，而其他线程，则在 single 构造结束后隐含的栅栏处等待，在任务工作队列上工作。但是，这种用 single 构造的模式并不是必需的，有的情况下，组中的所有线程都会并行生成显式任务。任务可能是嵌套的，也就是说，任务可以创建任务。这其实很常见，也是很多递归算法的基础。

在处理任务时，一个重要的概念是理解任务何时完成。OpenMP 要求线程在与该线程组相关联的所有任务完成之前不会退出栅栏。这包括在包含栅栏的构造词法范围内创建的所有任务，以及由这些任务创建的任何任务。

也可以等待任务的子集完成。在表 9-6 中，我们描述了 taskwait 指令。该指令使遇到的线程等待其子任务（即在 taskwait 指令的词法范围内创建的任务）完成⊖。这是一个同步指令，因为它定义了任务之间的排序关系。

表 9-6　C/C++ 和 Fortran 中的 taskwait 指令。该指令指定，遇到 taskwait 时，需要等待任务的子任务完成。taskwait 指令是一个同步指令

#pragma omp taskwait *new-line*
!$omp taskwait

9.5　同步和内存一致性模型

OpenMP 是一种多线程编程模型。线程在一个共享的地址空间中执行。它们是并发的，这意味着它们之间是没有顺序的。我们利用这种并发性来并行运行线程。

然而，有些时候，我们需要对线程的操作施加一个顺序，这些操作被称为同步操作。我们已经遇到过一个同步指令，即 taskwait 指令，用于定义兄弟任务（即在同一父任务的词法范围内创建的显式任务）之间的排序关系。我们定义了两个额外的同步操作：barrier 和 critical。这些操作支持集合同步。它们的功能是相对于整个组的行为来定义的。

组中的所有线程都会遇到 barrier 指令。它在一个区域中定义了一个点，在这个点上，所有的线程必须等到组中所有其他线程到达后才能继续。我们在表 9-7 中描述了这个指令。

表 9-7　C/C++ 和 Fortran 中的栅栏指令。该指令在指令出现的地方指定了一个显式栅栏。栅栏指令是一个同步指令

#pragma omp barrier *new-line*
!$omp barrier

⊖ 在解释 OpenMP 中的构造时，当把线程和任务混合在一起时，术语描述可能会很复杂。从技术上讲，一个线程运行一个任务，它是等待其子任务的"遭遇任务"。我们在第 13 章解释了 OpenMP 的这种面向任务的观点。

OpenMP 通用核心中包含的最后一个同步操作是 **critical** 构造。这实现了一个相互排斥的同步操作。每次只有一个线程可以执行与该构造相关的结构化块。如果一个线程遇到临界构造，而另一个线程当前正在执行"临界区"，那么它将等待到该线程完成执行临界区。我们在表 9-8 中描述了这个指令。

表 9-8　C/C++ 和 Fortran 中的临界构造。这个构造限制了相关结构化块的执行，每次只能在一个线程中执行。临界构造是一个同步构造

```
#pragma omp critical   new-line
    structured block
!$omp critical
    structured block
!$omp end critical
```

同步化操作在 OpenMP 中很重要。当并行算法的逻辑要求线程以特定的顺序执行代码时，它们可以防止线程冲突。它们还有一个额外的功能，它们支持 OpenMP 的内存一致性模型。

内存是一个变量的集合，变量只是我们用来指代内存中一个地址的名称。如果多个线程混合对一个地址进行加载和存储，而且如果这些加载和存储没有被约束为按照指定的顺序发生，我们就会遇到数据竞争。一个有数据竞争的程序是模棱两可的，因此是不合法的。

内存一致性模型定义了防止数据竞争所需的规则。OpenMP 通用核心所包含的受限同步操作导致了一个非常简单的内存一致性模型。它是围绕着冲刷（flush）的概念建立的。冲刷操作是以单个线程为单位定义的。它使该线程让自己对共享地址空间的视图与内存保持一致。写缓冲区和缓存被冲刷到内存中。被读取的缓存行被标记为"脏"时，处理器需要从内存中冲刷它们。通用核心中包含的冲刷不是同步操作，它不会在两个或多个线程之间创建一个排序关系。然而，冲刷对于支持同步是至关重要的。在 OpenMP 中的某些点上，OpenMP 隐含着冲刷。这些在表 9-9 中进行了总结。

表 9-9　内存一致性规则。内存一致性规则定义了当两个或多个线程共享的变量被读取时，允许观察哪些值

内存一致性规则
线程使用冲刷来使其变量与内存保持一致。在以下位置隐含了一次冲刷：
- 进入和退出临界区构造
- 从显式和隐式栅栏中退出

9.6　数据环境子句

数据环境是一个区域内可见的变量集。这些变量有一个数据共享属性：如果它们在内

存中对线程组可见，则为 shared；如果它们只对单个线程可见，则为 private。

当一个线程（或一个任务）遇到一个创建区域的构造时，我们需要了解遇到的线程（或任务）的可见变量是如何移动到创建的区域中的。遇到线程（或任务）的数据环境中的变量称为原始变量。表 9-10 中的数据环境子句修改了原始变量如何与新创建的区域交互的默认规则。

表 9-10　数据共享子句。数据共享属性子句只适用于其名称在该子句出现的构造中可见的变量。shared：列表中的项目在执行该构造的线程或显式任务之间共享。private：为列表中的每个项目创建一个新的变量，该变量对每个线程或显式任务都是私有的，私有变量不被赋予初始值。firstprivate：声明列表中的项目对每个线程或显式任务都是私有的，并在遇到构造时给它们分配原始变量的值

shared *(list)*
private *(list)*
firstprivate *(list)*

9.7　归约子句

在 OpenMP 通用核心中，我们支持归约成标量的操作。归约子句定义在表 9-11 中。对于归约子句列表中的每一个变量，都会出现以下情况：

❑ 从子句中的列表中创建一个与变量同名的私有变量。
❑ 将该私有变量初始化为运算符的标识（也称为归约标识符）。
❑ 该区域用归约创建的私有变量正常执行。
❑ 在区域结束时，根据归约子句中的运算符将列表中的私有变量组合起来。
❑ 使用归约子句的运算符，将区域末尾计算出的累计值与原始变量合并。

表 9-11　归约子句。归约子句指定一个运算符和一个或多个列表项

reduction(operator:list)	
运算符	初始值
+	0
*	1
−	0
min	归约列表项类型中最大可表示数
max	归约列表项类型中最小可表示数

9.8　环境变量和运行时库例程

OpenMP 的大部分操作发生在程序编译的时候。指令为编译器提供了明确的命令，编译器根据这些命令创建多线程代码。然而，在 OpenMP 中，有一些操作并不是在编译时发生的，它们只能在程序运行时发生。这些操作通过运行时库例程或环境变量发生。

我们将从库例程和环境变量开始，这些库例程和环境变量与内部控制变量相互作用，以获得由 `parallel` 构造分叉的默认线程数（nthreads-var）。这个变量有一个依赖于实现的默认值，它可以在程序启动时通过环境变量 `OMP_NUM_THREADS` 的值来设置（见表 9-12）。OpenMP 运行时库例程中的一个函数可以在程序执行过程中设置该变量（`omp_set_num_threads()` 如表 9-13 所示）。

表 9-12　运行时环境变量 OMP_NUM_THREADS。该运行时环境变量设置默认的并行区域请求线程数

> **OMP_NUM_THREADS** list

表 9-13　C/C++ 和 Fortran 中的 omp_set_num_threads 运行库例程。该运行时函数设置了后续并行区域的默认请求线程数，在并行区域的动态范围内调用该函数是非法的

```
void omp_set_num_threads(int num_threads);
subroutine omp_set_num_threads(num_threads)
integer num_threads
```

接下来的一对函数可以帮助我们了解一个并行区域内的线程。对于许多算法来说，需要知道一个组中的线程总数和组中每个线程的线程序号，其中，序号的范围从 0（对于组内的主线程）到线程总数减 1。要想知道组中的线程数，可以调用表 9-14 中描述的 `omp_get_num_threads()` 函数。

表 9-14　C/C++ 和 Fortran 中的 omp_get_num_threads 运行库例程。该运行时函数返回最内围并行区域当前组的线程数

```
int omp_get_num_threads(void);
integer function omp_get_num_threads()
```

要返回组中每个线程的等级，调用表 9-15 中描述的 `omp_get_thread_num()` 函数。

表 9-15　C/C++ 和 Fortran 中的 omp_get_thread_num 运行库例程。该运行时函数返回最内围并行区域中当前组内调用线程的线程号

```
int omp_get_thread_num(void);
integer function omp_get_thread_num()
```

OpenMP 通用核心中包含的最后一个运行时库例程是 `omp_get_wtime()`，如表 9-16 所示。这个函数返回一个 `double` 值，它代表了从过去某个固定时间点以来逝去的时间 （以秒为单位）。这个"时间"具体指墙钟时间，意味着它是独立于计算机的单独时钟上看到 的时间（例如，墙上的时钟）。如果两次调用这个函数，在一个被计时的代码块开始之前和 该代码块完成之后，两个值之间的差值将是执行该代码块的经过时间。

表 9-16　C/C++ 和 Fortran 中的 omp_get_wtime 运行时库例程。这个运行时函数以秒为单位返回经过的墙钟时间，它不能保证在所有线程中全局一致

```
double omp_get_wtime(void);
double precision function omp_get_wtime()
```

第三部分 *Part 3*

超越通用核心

OpenMP 通用核心是一个很好的开始。许多 OpenMP 程序员在他们的整个职业生涯中都在使用 OpenMP 通用核心。然而，一个全面的 OpenMP 程序员需要知道如何在需要时超越通用核心。本书的这一部分将帮助你迈出这第一步。

第 10 章仍然立足于硬件的多线程，对此可以将它近似于 SMP。我们将讨论与 parallel 构造、worksharing-loop 构造和 task 构造一起使用的通用核心中缺少的子句。然后，将查看在定义通用核心时完全跳过的功能。

第 11 章回到 OpenMP 的内存一致性模型。坦率地说，这是所有共享内存编程中最困难的一部分。程序员应该避免编写依赖于内存模型细微控制的软件。然而，有些时候，你别无选择。一个很好的例子是成对线程之间的同步，即所谓的成对同步问题。我们探讨了这个问题和其他同步化的高级课题。然而，更重要的是，我们为理解 OpenMP 5.0 标准中表达的最新内存模型的发展奠定了基础。

第 12 章研究通用核心所涉及的 SMP 系统之外的硬件。我们首先详细研究非统一内存访问（NUMA）架构。鉴于大多数 SMP 系统实际上都是 NUMA 系统（我们将详细探讨这个概念），我们所涉及的技术应该比它们更经常使用。我们讨论了 CPU 中的向量单元，以及如何使用各种 SIMD 指令对其进行 OpenMP 编程。我们采取的方法也许有点不同寻常，相较于浏览很长的 OpenMP SIMD 指令列表，我们更关注于一步一步地将程序转化为高度向量化的代码。我们的目标是让你对向量化的工作原理有一个深刻的理解。最后在这个关于硬件的复杂章节中，我们来看看 GPU 以及如何在 OpenMP 中对其进行编程。

第 13 章介绍可以做什么来继续 OpenMP 学习。我们给出了书本无法跟上 OpenMP 发展步伐的案例，这意味着最终将需要阅读 OpenMP 规范。考虑到这种可能性，我们回顾了 OpenMP 的基本结构，但这次使用（并解释）了规范中的形式化术语。我们的目标是，可以从最后一章直接进入 OpenMP 规范，探索该语言的全部领域。

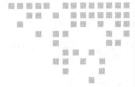

第 10 章 *Chapter 10*

超越通用核心的多线程

决定在 OpenMP 通用核心中包含哪些内容，部分原因是出于教学方法的考虑。在做决定时，我们始终倾向于这样的构造，了解这样的构造需要学习 OpenMP 背后的核心思想并理解其最常见的使用方式。三个核心构造（`parallel`、共享工作循环以及显式任务）为通用核心奠定了基础。通用核心的其他部分通过控制数据环境、管理线程组中的线程以及定义操作顺序的约束（例如，防止数据竞争）来支持这样的构造。

在本章中，我们阐述没有包含在 OpenMP 通用核心中但仍然经常使用的 OpenMP 要素。我们将本章分为两部分。从通用核心的构造（`parallel`、共享工作循环和任务）以及与这些构造一起使用的更重要的子句开始。然后，阐述扩展 OpenMP 通用核心所提供的多线程功能的指令。

在整个章节中，我们继续关注教学方法。我们涵盖了指令中最常用的内容和需要深入理解的概念。正如我们一再声明的那样，本书不是参考指南，因此，对于任何给定的指令、子句或构造，可能仍有一些细节没有涉及到。在这种情况下，更完整的讨论可以在 *Using OpenMP—The Next Step* [13] 一书中找到。

10.1 用于 OpenMP 通用核心构造的附加子句

多线程是 OpenMP 的起点。虽然在过去的十年中，我们已经远远超越了基本的多线程，但它仍然是 OpenMP 的"心脏和灵魂"。在通用核心中，我们涵盖了多线程的基础构造，创建线程的 `parallel` 构造，在线程之间分割循环迭代的共享工作循环构造，以及创建显式

任务的 `task` 构造。这些构造及其数据环境可以使用一些子句进行修改。作为通用核心的一部分，我们介绍了最常用的子句。在本节中，我们将介绍其他一些虽然没有通用核心子句使用得那么频繁，但仍经常使用的子句。

10.1.1 并行构造

并行构造用于创建一个新的线程组，我们在本书中广泛地使用了它。在表 10-1 中，我们展示了并行构造最常用的子句，我们已经介绍了其中的许多子句。我们从 num_threads 开始，重点介绍一些其他子句。在向并行区域发出请求时，这个子句取一个整数表达式来设置线程总数。例如，如果我们有某个最大的线程数（MaxThreads），并且我们想在一个并行构造中使用其中四分之一的线程，我们将使用如下指令：

```
#pragma omp parallel num_threads(MaxThreads/4)
```

表 10-1 C/C++ 和 Fortran 中的并行构造。该构造用于创建一个线程组，以下列出了最常用的子句

#pragma omp parallel *[clause[[,] clause]…] new-line*   structured block
!$omp parallel *[clause[[,] clause]…]*   structured block **!$omp end parallel**

if *(scalar-expression)*	(C/C++)
if *(scalar-logical-expression)*	(Fortran)
shared *(list)*	
private *(list)*	
default(shared | **none)**	(C/C++)
default(shared | **firstprivate** | **private** | **none)**	(Fortran)
firstprivate *(list)*	
reduction *(operator:list)*	
num_threads *(integer-expression)*	(C/C++)
num_threads *(scalar-integer-expression)*	(Fortran)
copyin *(list)*	
proc_bind (master | **close** | **spread)**	

num_threads 子句请求的线程数取代默认的线程数（基于 nthreads-var ICV⊖），但只针对与该子句相关联的并行区域。后续的并行区域默认请求的线程数等于 nthreads-var ICV。

管理一个并行区域的线程会给程序增加相当大的开销。无论是通过重新创建线程还是从线程池中提取线程，分叉创建线程都会消耗成千上万的 CPU 周期。并行区域结束时的合

⊖ 初始化的 ICV 全名为"内部控制变量"。ICV 在 OpenMP 运行时用来管理默认值或在程序运行时控制系统的功能。

并会消耗额外的数千个周期。如果程序中的逻辑表明，并行区域内的工作太小，没有必要引起线程管理开销，你可能想跳过创建线程组，而在单线程上执行该区域。这可以通过 if（标量表达式）子句来实现。如果标量表达式的值为真（在 C 语言中，除 0 外的任何值都是真），则创建线程组。如果为假，则不创建组，并行区域用单线程执行。例如，当在其他并行区域内嵌套并行区域时，必须保证所有并行区域使用的线程总数不会增长得太多，导致操作系统浪费过多的时间来管理相对于可用核心数量的过多线程（所谓的认购超额）。以下代码可以用来缓解这种情况。

```
int nthreads = omp_get_num_threads();
#pragma omp parallel if(nthreads < MaxThreads/4) num_threads(4)
```

default 子句是在我们讨论 OpenMP 数据环境时引入的。使用 default(none) 会告诉编译器，每一个变量的存储属性在并行构造之前声明和在并行区域内使用必须是显式定义的。也可以声明在并行区域之前声明的变量是 shared，这是默认行为。Fortran 定义了另外两种默认情况：private 和 firstprivate。但这两种情况在 C/C++ 中是不可用的，因为它可能向编译器展现一个看起来是变量但在运行时解析为常量的命名项。因此，编译器不可能在编译时为每个线程创建这样一个项的私有副本。

表 10-1 中还剩下两个子句：copyin 和 proc_bind 子句。我们将在本章后面讨论 threadprivate 指令时讨论 copyin，在第 12 章讨论 NUMA 系统时讨论 proc_bind。

作为如何使用这些新引入的子句的一个例子，考虑图 10-1 中的程序。对一个矩阵进行了酉变换（保迹变换）。矩阵的细节或变换过程本身与本例无关，因此函数 initMats() 和 transform() 没有显示。

在并行区域内，transform() 被设置为使用 SPMD 模式，并将 id 和 Nthrds 作为参数传递进来。与之相伴的是使用共享工作循环构造进行矩阵的迹的计算（求对角线元素之和）。

对于任何在并行区域内使用但在 parallel 指令之前声明的变量，我们使用 default(none) 强制编译器标记，使其需要在数据环境子句中定义。我们用 num_threads(4) 子句要求为这个并行区域使用 4 个线程。

最后，注意 if(N>100) 子句。这个子句表示，如果矩阵阶数 N 大于 100，则并行区域应该用多个线程执行。如果不满足这个条件，并行区域将用单线程执行。这是 OpenMP 中的一个重要能力，应该用来确保线程管理开销不会因为问题太小而无法从多线程中获益。

```
1   #include <stdio.h>
2   #include <stdlib.h>
3   #include <omp.h>
4
5   // initialization and transform functions
6   // (we will not show the function bodies)
7   extern void initMats(int N, float *A, float *T);
8   extern void transform(int N, int id, int Nthrds, float *A, float *T);
9
10  int main(int argc, char**argv)
11  {
12      float trace=0;
13      int i, id, N, Nthrds;
14      float  *A, *T;
15
16      // set matrix order N
17      if (argc == 2)
18          N = atoi(argv[1]);
19      else
20          N = 10;
21
22      // allocate space for three N x N matrices and initialize them
23      T = (float *) malloc(N*N*sizeof(float));
24      A = (float *) malloc(N*N*sizeof(float));
25      initMats(N, A, T);
26
27  #pragma omp parallel if(N>100) num_threads(4) default(none) \
28              shared(A,T,N) private (i,id,Nthrds) reduction(+:trace)
29      {
30          id = omp_get_thread_num();
31          Nthrds = omp_get_num_threads();
32          transform(N, id, Nthrds, T, A);
33
34          // compute trace of A matrix
35          // i.e., the sum of diagonal elements
36          #pragma omp for
37          for (i = 0; i < N; i++)
38              trace += *(A+i*N+i);
39      }
40      printf(" transform complete with trace = \%f\n",trace);
41  }
```

图 10-1　并行结构的子句示例。对矩阵 A 进行变换，假定为西变换（即保迹变换）。请注意如何用反斜杠表示一个 pragma 延续到另一行的情况。我们不展示 `initMats()` 和 `transform()` 的代码，因为它们的函数体与本例无关

10.1.2　共享工作循环构造

对于许多程序员来说，OpenMP 是一种创建线程并在这些线程之间映射循环迭代的技术。这绝对是我们创建 OpenMP 1.0 时的思路，虽然这门语言已经有了很大的发展，但在一个线程组中共享循环的工作仍然是 OpenMP 中最重要的功能之一。

表 10-2 描述了 OpenMP 共享工作循环构造及其最常用的子句。这些子句大部分已经很熟悉了，因为它们包含在通用核心中。我们增加了一个额外的数据环境子句 `lastprivate`。与任何一个数据环境子句一样，`lastprivate` 将一个逗号分隔的变量列表作为参数。这些变量在遇到共享工作循环构造的线程组中共享。与 `private` 和 `firstprivate` 一样，

lastprivate 子句指示编译器为列表中的每个变量创建一个私有副本。在共享工作区域结束时，lastprivate 列表中每个变量的原始变量将被赋值为来自循环中最后一次迭代的值，这里的"最后"是指循环的顺序执行所定义的最后一次迭代。例如，在下面的简单循环中：

```
#pragma omp for lastprivate(ierr)
    for (int i = 0; i < N; i++)
        ierr = work(i);
```

在区域结束时给原始变量赋值的 ierr 的值是来自执行最后一次循环迭代的线程（迭代 i=N-1）。一个变量出现在一个以上的数据环境子句中是非法的，只有一个例外：OpenMP 允许在 firstprivate 和 lastprivate 子句中放入相同的变量。换句话说，OpenMP 规范认为无论算法是否需要一个循环的最后一次迭代的变量值，仍然可能需要为一个私有变量提供一个初始值。

表 10-2　C/C++ 和 Fortran 中的共享工作循环构造。该构造用于将一个循环定义的工作分配给一组线程，其中包括了最常用的子句。省略的子句涉及 SIMD 执行、调度修改器和 ordered 子句（用于同步和 doacross 循环）

#pragma omp for *[clause[[,] clause]. . .]* for-loops **!$omp do** *[clause[[,] clause]. . .]* do-loops **!$omp end do**[nowait]
private *(list)* **firstprivate** *(list)* **lastprivate** *(list)* **reduction** *(operator:list)* **schedule** *(kind [, chunk_size])* **collapse** *(n)* **nowait**   C/C++

schedule 子句接收一个参数，表示调度的种类，后面是一个可选的参数，用于表示作为调度单位的迭代块的大小（即所谓的 chunk_size）。其中，定义了以下调度种类：

❑ **静态调度**：循环迭代被分成大小为 chunk_size 的分块，并以周期的方式分配给组中的线程（即像发牌一样）。如果没有指明 chunk_size，实际操作中将为每个线程提供一个迭代的分块，但没有指定每个线程的迭代次数。

❑ **动态调度**：循环迭代被分成大小为 chunk_size 的块。每个线程执行一个分块，然后请求一个额外的分块。如果没有提供 chunk_size，默认的 chunk_size 为 1。

❑ **启发式调度**：动态调度的另一种形式，其中 chunk_size 开始时是一个大值，并在每次执行新的分块迭代时，chunk_size 都会减少，直到达到 chunk_size 的最小值。这样做是为了减少管理分块调度的运行时开销。

❑ **自动调度**：编译器和运行时可以根据自己的选择来安排循环的迭代。它不一定是定义的其他调度种类。

❑ **运行时调度**：调度和可能的 chunk_size 来自内部控制变量 run-sched-var。
`schedule(runtime)` 子句对于在循环中改变调度而不重新编译程序的情况是很有用的。当 OpenMP 程序开始执行时，内部控制变量 run-sched-var 会被设置为环境变量 OMP_SCHEDULE 定义的字符串值。例如，使用 Bash shell 命令行解释器，在运行程序之前，可以键入：

```
export OMP_SCHEDULE="dynamic,7"
```

这将导致程序中任何有 `schedule(runtime)` 子句的共享工作循环使用 chunk_size=7 的动态调度。只要改变 OMP_SCHEDULE 变量的值，就可以探索不同的调度。

与大多数内部控制变量一样，调度和分块大小也可以通过运行时库例程进行操作。这些函数在图 10-2 中阐述。这些函数是配对的，"omp_set"和"omp_get"用于设置或查询内部控制变量的值。调度的种类是由 C 枚举类定义的，如图 10-2 所示。所以可以通过如下语句来设置上面案例对应的 omp-schedule：

```
omp_set_schedule(omp_sched_dynamic,7);
```

```
// runtime schedule function in C/C++
void omp_set_schedule (omp_sched_t kind, int chunk_size);
void omp_get_schedule (omp_sched_t* kind, int* chunk_size);

typedef enum omp_sched_t {
  omp_sched_static = 1,
  omp_sched_dynamic = 2,
  omp_sched_guided = 3,
  omp_sched_auto = 4
} omp_sched_t;

!$ Runtime schedule functions in Fortran

subroutine omp_set_schedule(kind, chunk_size)
integer (kind=omp_sched_kind) kind
integer chunk_size

subroutine omp_get_schedule(kind, chunk_size)
integer (kind=omp_sched_kind) kind
integer chunk_size

integer(kind=omp_sched_kind), parameter::omp_sched_static=1
integer(kind=omp_sched_kind), parameter::omp_sched_dynamic=2
integer(kind=omp_sched_kind), parameter::omp_sched_guided=3
integer(kind=omp_sched_kind), parameter::omp_sched_auto=4
```

图 10-2　支持在运行时对调度进行操作。在 C/C++ 和 Fortran 中设置和查询 runtime 调度内部控制变量的库例程和相关数据结构。虽然 OpenMP 在枚举类中为调度定义了值，但良好的编程实践是使用名称而不是值

runtime 调度子句及其支持函数的例子如图 10-3 所示。这个程序取自一个简单的分子动力学程序，该程序模拟周期性的氩晶体的熔化。我们所说的周期性是指，如果原子坐标落在一个边界之外，我们就把它绕到相反的边界上。这是一个 N 体（N–body）问题的实例，每个氩原子都依赖于其他原子的位置。这种计算方式随着原子数量的平方而变化，即使是大小适中的晶体，计算也很快就会无法维持。

```
1   #include <omp.h>
2   #include <stdio.h>
3
4   #define DEBUG 1
5
6   // map schedule kind enum values to strings for printing
7   static char* schdKind[] = { "ERR","static","dynamic","guided","auto"};
8
9   // external function for potential energy term
10  extern double pot(double dist);
11
12  void forces(int npart,double x[],double f[],double side,double rcoff)
13  {
14     #pragma omp parallel for schedule(runtime)
15        for (int i = 0; i < npart*3; i += 3) {
16
17        // zero force components on particle i
18        double fxi = 0.0; double fyi = 0.0; double fzi = 0.0;
19
20        // loop over all particles with index > i
21           for (int j = i + 3; j < npart * 3; j += 3) {
22
23              // compute distance between i and j with wraparound
24              double xx = x[i] - x[j];
25              double yy = x[i+1] - x[j+1];
26              double zz = x[i+2] - x[j+2];
27
28              if(xx<(-0.5*side)) xx+=side; if(xx>(0.5*side)) xx-=side;
29              if(yy<(-0.5*side)) yy+=side; if(yy>(0.5*side)) yy-=side;
30              if(zz<(-0.5*side)) zz+=side; if(zz>(0.5*side)) zz-=side;
31              double rd = xx * xx + yy * yy + zz * zz;
32
33              // if distance is inside cutoff radius, compute forces
34              if (rd <= rcoff*rcoff) {
35                 double fcomp = pot(rd);
36                 fxi += xx*fcomp;    fyi += yy*fcomp;    fzi += zz*fcomp;
37                 f[j] -= xx*fcomp;   f[j+1] -= yy*fcomp; f[j+2] -= zz*fcomp;
38              }
39           }
40        // update forces on particle i
41           f[i] += fxi;    f[i+1] += fyi;    f[i+2] += fzi;
42     }
43  #ifdef DEBUG
44     omp_sched_t kind;
45     int chunk_size;
46     omp_get_schedule(&kind, &chunk_size);
47     printf("schedule(%s,%d)\n",schdKind[kind],chunk_size);
48  #endif
49  }
```

图 10-3　runtime 调度的使用。函数在一个简单的分子动力学程序中计算力，当 DEBUG 宏启用时，打印有关 runtime 调度的信息

在 N 体问题中采用各种手段来规避这个 N 平方问题。在这个程序中，我们展示了"截

止"方法。决定每个原子受力的电势取决于每对原子之间的分离距离。当然，静电力会随着距离的增加而迅速下降。因此，我们可以选择一个距离（截止距离），并假设任何比截止距离更远的原子对力的影响不大。

对于这个例子，我们有几点想解释的。首先，请注意第 15 和第 21 行的循环结构。外部循环运行在晶体中的每个原子上，但内部循环运行在标签大于外部循环控制指数的原子上。这样做是可行的，因为原子 i 和原子 j 之间的力与原子 j 和原子 i 的力是相等但方向相反的，所以我们将原子 j 上的力累积在最里的循环内，然后将该力的相反部分设置在原子 j 上。这种循环结构，再加上对成对原子间距离与截止的物理依赖性，意味着每个原子在外部循环上的功是变化的且不可预测的。这是一个说明动态甚至启发式循环调度是有用的的典型的例子。通过使用 schedule(runtime) 子句和 OMP_SCHEDULE 环境变量来探索不同的选项，用一系列的值进行实验是直接且避免了为每种情况重新编译的方法。

在接近图 10-3 代码的最后，我们展示了一个如何查询和打印调度信息的例子。这是在一个 #ifdef 块中，因为在程序的运行中，打印分子动力学代码中每一步的 runtime 调度信息会让人难以接受。在第 44 行，我们定义了一个类型为 omp_sched_t 的变量以保存调度种类的枚举类的值。在第 45 行，我们通过调用 omp_get_schedule 来获取调度种类和分块大小。在第 46 行，我们打印出调度种类和分块大小。注意，我们使用了一个技巧来打印对应调度种类枚举类的字符串。OpenMP 规范定义了种类枚举的实际值，所以我们可以在第 7 行建立一个字符串数组，并使用枚举值来引用正确的字符串。由于 OpenMP 没有定义 0 值的枚举值，所以该值的字符串表示错误。

无论调度如何，程序不应该依赖于循环迭代到具体线程的任何特定映射。通过设计，在决定如何最好地执行该映射时，具体实现被赋予了相当大的自由度。这个规则有一个例外。如果满足以下条件，可以依靠循环迭代和线程之间的映射在不同循环之间保持一致：

❑ 显式地使用 static 调度，循环之间的分块大小相同。
❑ 问题中的循环有相同的循环迭代次数。
❑ 循环绑定到同一个并行区域（即它们由同一组线程执行）。

如果在循环迭代和线程组之间可以利用与不同线程相关联的缓存内的数据，那么循环迭代和线程组之间的相同映射是有用的。当两个循环内部有固定的依赖模式时也可以使用，这样当在较早的循环上使用 nowait 子句时就会产生正确的结果。

子句 collapse(n)，其中 n 是一个正整数表达式，定义了与共享工作循环构造相关联的循环数量。它规定紧跟在共享工作循环构造之后的 n 个循环将被合并成一个隐式的"超级循环"。这个隐式循环有一个很大的迭代空间，并按照程序串行执行的顺序进行循环迭代。任何额外的子句，如数据环境子句或归约，都会应用到这个更大的隐式循环中。

每个组合的循环都必须遵循合法的共享工作循环的标准规则。循环通常是"完美嵌套"

的，这里我们的意思是在循环之间没有中间代码（只有在 OpenMP 5.0 中才允许非完美嵌套的循环，而且支持它们的规则很复杂）。collapse 构造用于增加并行循环的大小，以创造足够的工作来有效平衡整个线程组的负载。

我们在图 10-4 中展示了一个 collapse 子句的例子。Apply() 函数将一个输入函数（MFUNC）应用到一个二维数组的每个元素。我们希望这个函数能够有效地处理任何尺寸的数组维度 N 和 M。我们在 parallel for 构造上使用 if 子句来强制系统对 N 和 M 的小值（即当它们的乘积为 100 或更小时）只使用一个线程。对于较大的 N 值，并行化单个外部循环可能是有效的，但对于较小的值，可能没有足够的循环迭代来维持线程之间的负载均衡或者克服管理并行循环的开销。因此，我们使用 collapse(2) 子句告诉编译器创建一个在 N*M 循环迭代中运行的隐式循环。这个较大的循环应该有足够的循环迭代来支持这段代码的高效执行。

```
1  #include <omp.h>
2
3  // apply a function (*MFUNC) to each element of an N by M array
4
5  void Apply(int N, int M, float* A, void(*MFUNC)(int, int, float*))
6  {
7      #pragma omp parallel for num_threads(4) collapse(2) if(N*M>100)
8          for (int i = 0; i < N; i++)
9              for (int j = 0; j < M; j++)
10                 MFUNC(i, j, (A+i*M+j));
11 }
```

图 10-4 共享工作循环构造上的 collapse 子句。Apply 函数将一个函数作为函数指针输入，并应用于一个维度为 N 乘 M 的数组 A 的每个元素，注意指针表达式 (A+i*M+j) 指向数组 A 的第 (i,j) 元素

共享工作循环构造的一些特征我们还没有讨论。simd 子句将在后面的循环迭代映射到处理器的向量单元时讨论。其他的子句（ordered 子句和调度修饰子句）则相对较新，没有被广泛使用。要了解更多关于这些子句的信息，请查阅 Using OpenMP—The Next Step 一书 [13]。

10.1.3 任务构造

任务大大扩展了 OpenMP 可以支持的算法范围。表 10-3 中显示了任务构造以及与 task 一起的常用的子句。数据环境子句（private、firstprivate 和 shared）是通用核心的一部分。任务构造上的 default 子句的工作原理与其在 parallel 构造上的相同。对于 if 子句，如果整数表达式（或 Fortran 中的逻辑表达式）被判定为假，那么该任务就会被遇到任务构造的线程立即执行（即任务执行不会被推迟）。

表 10-3　C/C++ 和 Fortran 中的任务构造，用于创建显式任务和最常用的子句的子集合

#pragma omp task *[clause[[,] clause]...]* 　　structured-block
!$omp task *[clause[[,] clause]...]* 　　structured-block **!$omp end task**

if *(scalar-expression)*	(C/C++)
if *(scalar-logical-expression)*	(Fortran)
shared *(list)*	
private *(list)*	
firstprivate *(list)*	
default(shared | none)	(C/C++)
default(shared | firstprivate | private | none)	(Fortran)
untied	
priority *(priority-value)*	
depend *(dependence-type : list)*	

untied 子句的描述比较复杂。考虑一个基于显式任务的 OpenMP 程序的执行。一个或多个任务创建任务，并在任务队列中填满等待执行的延迟任务。线程组中的一些线程执行创建新任务的任务，其他线程执行在任务队列中等待的任务。如果任务队列增长过大，OpenMP 运行时系统可能会暂停正在生成新任务的任务，以释放线程来处理队列中的任务。同时，一些任务可能会被阻塞并在 taskwait 同步点上等待。运行时可能会暂停这些等待的任务以便被阻塞的线程可以处理队列中等待的任务。在这些情况下，运行时系统会将一个任务从活跃执行切换到挂起状态。

OpenMP 标准定义了什么时候允许发生任务切换。这可能发生在任务调度点（task scheduling point）。这些点是在任务执行过程中，当它用运行时系统检查是否可能指示任务切换时的点。任务调度点有任务创建、任务完成、任务等待和栅栏。OpenMP 支持一个额外的、显式的任务调度点，称为 taskyield。程序员可以在代码中猜测任务切换点，这些点有助于保持线程忙于有用的工作，比如当一个任务在等待某个资源时有很大的机会导致线程阻塞，因此在这些点上放置一个 #pragma omp taskyield。

当一个任务从挂起状态切换到活动状态时，在任务调度点之后的语句处，一个线程就会接手该线程的工作。如果系统保证当工作恢复到该任务时，在挂起前对该任务进行处理的同一个线程会在挂起后对该任务进行处理，那么就可以说一个任务是被绑定的。如果一个任务可能依赖该线程的本地资源（例如本章后面讨论的 threadprivate 数据），那么任务与线程绑定是很重要的。如果一个任务，在调度点挂起后恢复执行时的线程与在其挂起前执行任务时的线程不同，那么该任务是未绑定的。

当一个程序频繁地切换任务时，将一个任务定义为非绑定状态可以带来很大的性能优势。然而，任务最安全的状态是绑定的，因为程序员可能不会意识到任务隐式地依赖于线程的本地资源。因此，任务的默认状态是绑定的。程序员必须在创建任务时，用 untied

子句显式地将任务标记为非绑定状态。

　　到此为止，我们已经讨论了两种控制任务执行顺序的方法：`taskwait` 同步指令（暂停，同时等待在词法范围内的 `taskwait` 任务完成）和栅栏（暂停，直到所有推迟的任务完成）。算法往往需要对任务执行的顺序进行更精细的控制。例如，在某些情况下，任务之间有明确的优先级。算法的语义可能不需要特定的任务顺序，但出于性能考虑，你希望一些任务先于其他任务运行。可以使用 `priority` 子句来实现这种操作。这个子句是给 OpenMP 运行时系统的一个关于任务构造生成任务的执行优先级的提示。优先级值是一个非负的整数表达式。对于等待执行的延迟任务集，建议优先级值较大的任务在优先级值较低的任务之前执行。

　　优先级值的范围从 0 到 max-task-priority-var 内部控制变量（ICV）所指示的最大值。默认情况下，max-task-priority-var 的 ICV 为 0，可以通过环境变量 `OMP_MAX_TASK_PRIORITY` 设置。例如，要在 Bash shell 下设置最大优先级为 50，可以使用以下命令：

```
export OMP_MAX_TASK_PRIORITY=50
```

要查询 `OMP_MAX_TASK_PRIORITY` 的 ICV 值，可以使用如下函数：

```
int omp_get_max_task_priority(void);
```

　　与其他 ICV 不同，没有运行时库例程来设置 max-task-priority-var。考虑到任务和管理它们的任务队列的动态性，由于不清楚如何安全地让最大优先级值动态变化，所以在程序启动时通过 `OMP_MAX_TASK_PRIORITY` 环境变量将它设置一次。

　　优先级是一种提示。它们表明了任务的顺序，但并不强迫系统遵循这个顺序。当算法要求任务之间有明确的顺序时，我们需要一种机制来定义任务之间的执行顺序。我们通过 `depend` 子句来实现这一点。在解释 `depend` 子句的语义之前，我们先来考虑一下 OpenMP 算法中什么时候可能需要依赖。一种常用的思考算法的方式是用有向无环图（Directed Acyclic Graph，DAG）的方式。我们在图 10-5 中展示了一个简单的 DAG。用字母标注的椭圆元素表示计算，节点之间的有向弧线是节点之间的依赖关系。DAG 在机器学习社区中被大量使用，许多共享内存密集的线性代数库都是围绕 DAG 构建的，其中节点是对基本线性代数子程序（Basic Linear Algebra Subprogram，BLAS）的调用。

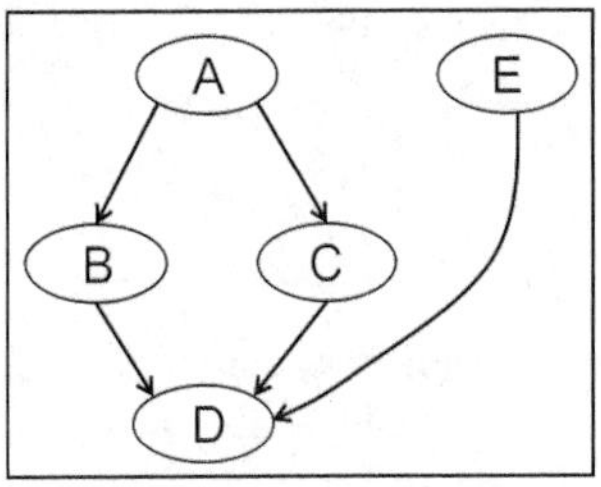

图 10-5　一个简单的有向无环图，其中节点之间的依赖关系用有向弧线表示，用字母标注的椭圆元素代表有计算的节点

　　我们使用带有 `depend` 子句的任务在 OpenMP 程序中构建 DAG。`depend` 子句指定一个依赖类型和一个逗号分隔的变量列表，这些变量可以是标量变量或数组区段。这些变量必须在 DAG 中涉及的兄弟任务的作用域内

（即可见）。允许的依赖类型为 in、out 或 inout。带有 in 依赖类型的变量会导致任务等待一个任务的完成，该任务在带有 out 依赖类型的 depend 子句中具有相同的变量。换句话说，在相同变量上有成对 depend 子句的任务会导致具有 in 依赖类型的 depend 子句的任务等待，直到具有相应 out 依赖类型的 depend 子句的任务完成。回想一下第 8 章，任务的创建和任务的完成都意味着一次冲刷，因此在带有 depend(in) 子句的任务开始执行之前，带有 depend(out) 子句的任务中的线程可见变量会被冲刷到内存中，当然，在它开始执行之前也会执行一次冲刷到内存中。因此，由依赖弧连接的任务之间的内存一致性是代表程序员 "自动" 管理的。最后剩下的依赖类型是 inout。inout 依赖类型表示变量既作为 in 依赖在任务开始时来控制，又作为 out 依赖在后续兄弟任务执行时来控制。

我们在图 10-6 中提供了一个实现图 10-5 中 DAG 的程序实例。一个线程执行单个区域内的代码来创建延迟任务，DAG 中的每个节点都有一个这样的线程。组中的其他线程在 single 构造结束时的隐式栅栏处等待，并执行任务队列中的任务。从 depend(out) 子句和 depend(in) 子句之间的连接，可以很容易地读出 DAG 中的弧线。

```
1   #include <omp.h>
2
3   //functions Awork through Ework not shown
4
5   int main()
6   {
7       float A, B, C, D, E;
8       #pragma omp parallel shared(A, B, C, D, E)
9       {
10          #pragma omp single
11          {
12              #pragma omp task depend(out:A)
13                  Awork(&A);
14              #pragma omp task depend(out:E)
15                  Ework(&E);
16              #pragma omp task depend(in:A) depend(out:B)
17                  Bwork(&B);
18              #pragma omp task depend(in:A) depend(out:C)
19                  Cwork(&C);
20              #pragma omp task depend(in:B,C,E)
21                  Dwork(&E);
22          }
23      }
24  }
```

图 10-6　任务依赖。这个程序实现了图 10-5 所示的 DAG，函数代表了 DAG 的节点，而 DAG 的边则由 depend 子句的模式来表示

任务构造是 OpenMP 的重要组成部分。虽然我们已经介绍了 OpenMP 中最常用的任务要素，但还有很多其他的任务构造。OpenMP 增加了将循环迭代映射到任务上的方法（taskloop 构造）。还增加了一个新的任务同步构造来覆盖子任务和兄弟任务（taskgroup 构造）。为了提高任务程序的效率，还有子句控制何时直接执行任务（final），以及何时假设任务的数据环境可以与子任务共享（mergeable）。要了解更多关于任务的信

息，请查阅 *Using OpenMP—The Next Step* [13] 一书或第 13 章中介绍的内容。

10.2 通用核心中缺失的多线程功能

通用核心中包含的指令和子句，涵盖了 OpenMP 最常用的要素。它们的选择也是着眼于有效的教学方法，也就是说，它们是学习多线程编程时正确的起点。OpenMP 中的一些要点对于一个全面使用线程的程序员来说是非常重要的。它们被排除在通用核心之外，因为它们使线程编程的基础技能的学习变得复杂，但在使用 OpenMP 进行多线程编程的基础教育完成之前，仍然需要了解它们。

我们在本节中涵盖了这些重要的内容，包括对线程来说是私有的但在该线程内部是共享的数据（`threadprivate`），将工作隔离给一个线程组的主线程（`master`），无中断的读写内存操作（`atomic`），以及控制为每个线程预留多少内存（`OMP_STACKSIZE`）。

10.2.1 threadprivate

OpenMP 的基本内存模型将内存视为一组给内存中的地址命名的变量。我们已经处理了两种类型的变量：`shared` 和 `private`。OpenMP 还定义了第三种内存类型：`threadprivate`。

`threadprivate` 内存是一个线程的私有内存，它不能被其他线程访问。然而，`threadprivate` 内存中的变量被宿主语言限定了作用域，在各个例程中具有可见性。在非正式的情况下，可以认为 `threadprivate` 内存是线程的私有内存，但在线程内部是全局的。

我们在表 10-4 中定义了 `threadprivate` 指令。它是一个声明性指令，这意味着它出现在程序中声明变量的地方，并影响其声明的语义。全局作用域变量（或 Fortran 中命名的公共块）在宿主语言中声明，并与 `threadprivate` 指令一起指定，以将列出的变量（或公共块）置于 `threadprivate` 内存中。

表 10-4　C/C++ 和 Fortran 中的 `threadprivate` 指令。对于 C/C++ 来说，list 是一个逗号分隔的具有文件作用域、命名空间作用域或静态块作用域的变量列表，这些变量没有不完整的类型。对于 Fortran 来说，list 是一个以逗号分隔的命名变量和命名公共块的列表，其中公共块的名称出现在斜线之间

#pragma omp threadprivate(*list*)
!$omp threadprivate(*list*)

`threadprivate` 变量是根据宿主语言的规则来初始化的。在许多情况下，当 `threadprivate` 变量第一次在宿主语言中声明时，初始化值就被指定了。在第一次使用该变量之前，初始化只发生一次，并且发生在程序执行中的某个未指定的点。我们在图 10-7 中提供了一个使用 `threadprivate` 的程序。该程序改写自第 7 章图 7-9 中的链表程序。列表

在 while 循环中被遍历（第 23 行到第 30 行），并对列表中的每个节点进行处理（第 27 行的
`processwork(p)`）。单个线程遍历列表，并为列表中的每个节点创建一个任务（第 24 行）。

```c
1   #include <stdio.h>
2   #include <sys/time.h>
3   #include <omp.h>
4
5   int counter = 0;
6   #pragma omp threadprivate(counter)
7
8   void inc_count()
9   {
10      counter++;
11  }
12
13  int main()
14  {
15      p = init_list(p);
16      head = p;
17
18      #pragma omp parallel
19      {
20          #pragma omp single
21          {
22              p = head;
23              while (p) {
24                  #pragma omp task firstprivate(p)
25                  {
26                      inc_count();
27                      processwork(p);
28                  }
29                  p = p->next;
30              }
31          }
32          printf("thread \%d ran \%d tasks\n",omp_get_thread_num(),counter);
33      }
34      freeList(p);
35
36      return 0;
37  }
```

图 10-7　用 `threadprivate` 计数器计算任务执行量。这个程序并行遍历一个链表，其任
务是为列表中的每个节点做随机数量的工作。一个 `threadprivate` 变量被用来
跟踪每个线程执行了多少任务。注意：我们没有提供用于列表和列表处理的函数

我们在第 5 行定义了一个计数器，并将其初始化为 0。在第 6 行，这个计数器被设置为
`threadprivate`。函数 `inc_count()` 在每次调用时都会递增计数器。由于每个线程都
复制了一个 `counter` 的副本，所以当每个线程在第 26 行调用 `inc_count()` 时，我们可
以跟踪每个线程处理了多少个任务。完整的任务集在 single 构造结束时（第 31 行）的栅栏
处完成，之后我们打印线程 ID 和 `counter` 的值。这是 OpenMP 中 `threadprivate` 变
量的一种常见用法。注意，如果任务没有绑定的话，这种计算分配给每个线程的任务的技
术将无法使用。

这种统计给线程分配的任务量的方法可以直接翻译成 Fortran。在 Fortran 中使用
`threadprivate` 构造与在 C/C++ 中使用有许多不同，我们在图 10-8 中提供了一个

Fortran 中计数器的例子（摘自 OpenMP 4.5 示例文档的第 211 页）。`threadprivate` 变量本身（`COUNTER`）被放在一个命名的公共块（`/INC_COMMON/`）中。放在斜线之间的公共块名称出现在 `threadprivate` 指令中。

```
1        INTEGER FUNCTION INCREMENT_COUNTER()
2        COMMON/INC_COMMON/COUNTER
3  !$OMP THREADPRIVATE(/INC_COMMON/)
4        COUNTER = COUNTER +1
5        INCREMENT_COUNTER = COUNTER
6        RETURN
7        END FUNCTION INCREMENT_COUNTER
```

图 10-8 在 Fortran 中使用带有 `threadprivate` 的计数器。这段代码来自 OpenMP 4.5 示例文档（threadprivate.1.f）。这个 Fortran 函数与我们之前的 C 语言例子使用相同的逻辑。在 Fortran 中通过公共块创建一个全局作用域变量。因此，计数器被放置在一个命名的公共块中，并且该块被设置成 `threadprivate`

初始化通常由程序源代码内部定义的静态声明来完成。对于更多的动态情况，即希望程序逻辑在运行时决定初始化 `threadprivate` 数据的值，可以在 `parallel` 构造上使用 `copyin(list)` 子句。在并行区域内部第一次使用来自原始变量的值之前，来自原始变量（即 `parallel` 构造之前的同名变量）的值会在某个时刻被复制到 `threadprivate` 变量中一次。`copyin` 子句是少数允许 `threadprivate` 变量出现在 OpenMP 构造的子句中的情况之一。

`threadprivate` 数据显示了 OpenMP 程序中使用线程的细节。这是一个微妙但重要的点。通常在 OpenMP 程序中，并不关心哪个特定的线程运行哪个循环迭代或处理任何特定的任务。然而，`threadprivate` 数据是与特定线程绑定的，因此会在程序中引入错误源。任何一个线程访问另一个线程的 `threadprivate` 数据的程序都是不符合要求的；也就是说，它是错误的，但 OpenMP 规范不能把它定义为错误，因为没有办法保证编译器或运行时能检测到这种情况。另一个错误的来源是假设关于 `threadprivate` 数据在并行区域之间是持续存在的。这种做法是可行的，但只有在以下情况下才行得通：（1）线程数在并行区域之间不发生变化（这个概念称为静态模式（static mode），我们将在后面讨论），（2）并行区域没有嵌套在其他并行区域内部。

10.2.2 master

`master` 构造定义了一个由线程组的主线程执行的工作块。`master` 构造的语法如表 10-5 所示。与 `single` 构造不同的是，它在构造的末尾没有隐式的栅栏。主线程完成结构化块中的工作，其他线程继续执行 `master` 构造后的语句。

表 10-5　C/C++ 和 Fortran 中的 `master` 构造。与该构造相关的结构化块将由组内主线程执行

```
#pragma omp master
    structured block
!$omp master
    structured block
!$omp end master
```

`master` 构造在逻辑上相当于调用运行时库例程获取线程号，然后用 if 语句将 `id==0` 关联的线程单列出来：

```
int id = omp_get_thread_num();
if (id == 0) {
    structured-block
}
```

鉴于用一个现有的库例程来表示 `master` 的功能很容易，所以将这个结构包括在内可能会显得很奇怪。然而，我们在 OpenMP 中加入了 `master`，因为它实现了通过一个 pragma 表达了原本需要多行可执行代码的功能。回想一下，如果编译器没有识别一个 pragma，那么这个 pragma 就会被忽略。因此，通过一个 pragma 来表达这个功能，代码在支持 OpenMP 的编译器和不支持 OpenMP 的编译器上结果一致。

10.2.3　atomic

`atomic` 构造确保了一个变量（即内存中的一个特定存储位置）作为一个独立的、不中断的动作被读取、写入或更新。`atomic` 构造保护了一个变量，避免了并发线程对一个存储位置进行多次同步更新的可能性，因为这将导致数据竞争。`atomic` 构造与临界区有很大的共同点，即原子操作的发生是互斥的。如果多个线程试图同时执行一个 `atomic` 构造，"第一个线程"将执行原子操作，而其他线程将等待轮到自己。然而，`atomic` 构造的通用性不如 `critical` 构造。它是围绕现代处理器的指令集中所包含的原子操作而设计的，并且可能比临界区构造更有效率。

表 10-6 中定义了 `atomic` 构造。一个子句定义了原子操作的类型，我们只描述其中最常见的三种情况：读、写和更新（不包括捕获）。默认情况（即不包含子句的情况）是更新。每种类型的 `atomic` 构造都适用于原子指令之后的不同形式的表达式语句。

作为 `atomic` 构造的一个简单例子，考虑第 4 章的数值积分程序。在 OpenMP 中引入同步构造的程序版本中（图 4-11），我们使用了一个 `critical` 来安全地更新每个线程部分和的总和：

```
#pragma omp critical
    full_sum += partial_sum;
```

表 10-6　C/C++ 和 Fortran 中的 atomic 构造。该构造用于支持不被中断的内存操作。我
们将最常用的子句与该构造一起列入。变量 x 和 v 是可以赋值的标量变量（即 l
值），binop 是 +、*、-、位运算符和移位运算符中的一个，expr 是一个不包含
变量 x 的表达式

#pragma omp atomic [*clause*] *new-line*
expression-stmt
!$omp atomic [*clause*]
expression-stmt
!$omp end atomic

clause	expression-stmt
read	v = x;
write	x = expr;

update
the default case
	x++; x--; ++x; --x;
	x binop= expr; x = x binop expr;
	x = expr binop x;

我们可以用 atomic 构造做同样的操作，这可能会减少开销，因为 atomic 构造
被设计成映射到一条硬件指令上。观察表 10-6，我们可以看到，在临界区的语句对应
的 atomic 构造类型是 update。这是原子性的默认情况，所以我们可以将图 4-11 中的
critical 替换为：

```
#pragma omp atomic
    full_sum += partial_sum;
```

虽然类似于 critical，但重要的是要明白 atomic 构造只适用于直接涉及内存中存
储位置的操作。例如，考虑以下 atomic 构造：

```
#pragma omp atomic
    full_sum += foo();
```

函数 foo() 的执行不受 atomic 构造的保护。它就像通过以下的语句被系统执行：

```
tmp = foo();
#pragma omp atomic
    full_sum += tmp;
```

foo() 内部的任何附带后果都会显示在潜在的数据竞争中，与临界区构造的类似情况
不同。

我们只是大概了解了 OpenMP 中原子性全部功能以及规范中定义的许多变化的浅显知
识。为了更深入地了解原子性，我们需要在 OpenMP 详细的内存一致性模型的背景下理解
它。因此，我们把这个讨论推迟到第 11 章。

10.2.4　OMP_STACKSIZE

OpenMP 被设计成支持多种系统。因此，该规范避免了与操作系统和支持 OpenMP 线

程有关的细节。然而，有一个关于这些线程的细节是我们无法回避的：与每个线程相关联的栈。

操作系统代表正在执行的程序对进程进行管理。进程分叉出与其关联的线程。当操作系统创建线程时，它为每个线程预留了一些本地内存，这个内存以栈的形式进行管理。全局内存和线程间共享的内存驻留在与进程相关联的堆中，而私有变量则驻留在线程的栈中。

栈的大小是有限的，如果在线程内部运行的代码在内存中创建了大的对象（如数组），线程的栈内存可能会溢出，导致潜在的灾难性失败。为了处理这个问题，OpenMP 定义了一个叫作 stacksize-var 的内部控制变量，它控制线程组中每个线程相关联的内存栈的大小。这个变量只能在程序开始执行时设置一次。它是通过一个名为 OMP_STACKSIZE 的环境变量来设置的。对于 Bash shell，设置 stacksize-var ICV 的命令如下：

```
export OMP_STACKSIZE=20000
```

stacksize-var 的值是一个正整数和一个字母后缀来表示堆栈大小的单位。OpenMP 定义的单位包括：

- ❑ size 设置以千字节为单位的大小
- ❑ sizeB 设置以字节为单位的大小
- ❑ sizeK 设置以 1024 字节为单位的大小
- ❑ sizeM 设置以 1024 千字节为单位的大小
- ❑ sizeG 设置以 1024 兆字节为单位的大小

下面的一组例子（直接取自 OpenMP 规范）展示了如何使用不同的单位（假设使用 Bash shell）：

```
export OMP_STACKSIZE="3000K"
export OMP_STACKSIZE="10M"
export OMP_STACKSIZE="10M"
export OMP_STACKSIZE="1G"
export OMP_STACKSIZE=20000    # this is in KiloBytes
```

系统在堆栈大小出现问题时如何响应是很难用一种可以被各种系统支持的方式来定义的。因此，当要求系统提供的内存超过可提供的内存时，系统如何响应是没有被定义的；或者当堆栈大小过小，线程溢出其堆栈时，系统如何响应也是没有被定义的。但这些情况往往是后果严重的。

10.2.5 运行时库例程

10.2.5.1 omp_get_max_threads

可以通过使用 omp_get_num_threads() 来询问 OpenMP 运行时线程组中有多少个线程，但只能在同一个并行区域内调用。有的时候，需要一个可以从并行区域外调用的函数，以找到后续 `parallel` 构造所创建的线程组中可能获得的最大线程数。例如，需要为一个数组分配内存，为线程组中的每个线程提供缓冲区。可以使用表 10-7 中的运行时库函数来查寻这个数值。

表 10-7 C/C++ 和 Fortran 中返回最大线程数的库例程。除非被 `num_threads` 子句重写，否则并行区域创建的线程组不会超过这个数值

int **omp_get_max_threads**(void)
integer **function omp_get_max_threads**()

可以通过使用 `num_threads` 子句或者调用 `omp_set_num_threads()` 来重写默认的并行区域的线程数。在这两种情况下，最大线程数都是可以改变的。

10.2.5.2 omp_set_dynamic

一个 OpenMP 程序通常由多个被并行区域分隔的顺序部分组成。OpenMP 运行时会尝试从一个并行区域到下一个并行区域时，优化线程组的大小，这称为动态模式（dynamic mode）。当系统的负载是高度变化的时候，动态调整线程组中的线程数量是很重要的，所以在程序执行的过程中，不同数量的线程会让系统资源得到更有效的利用。

然而，从一个并行区域到下一个并行区域的线程数量的变化，意味着 OpenMP 运行时必须假定与线程相关联的资源可能在并行区域之间发生变化。如果希望在并行区域之间重用线程资源（如 `threadprivate` 内存或循环调度），则需要告诉运行时系统关闭动态线程调整的功能。一旦禁用动态执行，运行时系统就被称为静态模式。

通过调用表 10-8 中的函数来启用或禁用动态模式。

表 10-8 在 C/C++ 和 Fortran 中为程序设置模式的库例程。当整数值 `dyn_threads` 为 `true` 时，允许线程组大小在并行区域之间变化。在 C 中，任何非零的整数值都为真。在 Fortran 中，将值为 `.TRUE.` 的逻辑变量传递给子程序

void **omp_set_dynamic**(int dyn_threads)
subroutine **omp_set_dynamic**(dyn_threads)
logical dyn_threads

10.2.5.3 omp_in_parallel

让活动线程的数量超过物理核心的数量会影响性能，因为操作系统会因为过度的线程交换而消耗资源，这就是所谓的认购超额。因此，有些时候想知道自己是否在一个活跃的并行区域内，这样就可以调整后续并行区域中创建的线程数量，或者完全跳过创建新线程。这在开发库例程时特别有用，因为这通常意味着将调用例程的上下文是未知的。通过 `omp_in_parallel()` 函数，代码中的逻辑可以基于是否在并行区域内被调用来决定是否分叉额外的并行区域。

表 10-9 中的函数如果在活动的并行区域内被调用，则返回为真（在 C 语言中为非零）。

表 10-9 查询代码是否在并行区域内的库例程。如果在活动的并行区域内调用该函数，则
其返回为真

void **omp_in_parallel**(void)
logical **function omp_in_parallel**()

10.3 结束语

本章我们开始了对 OpenMP 超越通用核心的部分进行探索。我们从与三个通用核心构造一起使用的附加子句开始：parallel、共享工作循环和任务。这些子句让我们对这些构造的执行有了更多的控制，并扩大了可以涉及的算法范围。例如，为任务构造添加了依赖性，这让我们可以用有向无环图表示 OpenMP 算法。

我们还考虑了 OpenMP 中一些通用核心构造没有涉及的功能：讨论了 master 构造，它可以方便地定义由一个线程组的主线程运行的代码；讨论了 OpenMP 中的原子性，当探索 OpenMP 内存模型的增强功能时，这部分内容将是极其重要的；还介绍了一个额外的具有 threadprivate 指令的存储类，可以用来定义对一个线程是私有的但在一个线程运行的函数中是全局的数据。

最后，我们考虑了 OpenMP 的一些影响整体程序执行方式的特性。这包括静态模式与动态模式，可以控制 OpenMP 从一个并行区域到下一个并行区域是否需要改变线程数量。我们还讨论了显式设置线程堆栈大小的方法。

第 11 章　*Chapter 11*

同步和 OpenMP 内存模型

在第 8 章中，我们描述了 OpenMP 通用核心中使用的内存模型。这个简化的模型在 OpenMP 的原始版本中使用过。它是用两个基本操作来定义的：flush 和 barrier。flush 操作使变量的临时值（例如，缓存或寄存器文件中保存的值）与内存中（即 RAM 中）的值一致。barrier 操作是通用核心中的基本同步操作，定义了一个固定的点，可以围绕这个点组织内存操作。它是一种集体同步操作，意味着它对一个组中的所有线程施加了一个排序约束。这种模型是可行的，而且易于使用。在大多数情况下，冲刷是通过互斥操作（临界区构造）、任务等待同步以及并行区域和工作循环构造结尾的栅栏（除非用 nowait 子句关闭）来隐含和表达的。

这种通用核心内存模型对于程序员来说是可以直接使用的，但它是相当受限的。在有些情况下，基于冲刷 / 栅栏的模型会增加太多的开销。例如，为什么要定义一个同步点，让它为一个组中的所有线程下达内存操作命令，而算法可能需要的只是一对线程的交互，这就是所谓的成对同步问题。我们在第 8 章中提到了这个问题，但我们并没有解决它。在本章中，我们将解决这个问题。我们将通过引入一个在 OpenMP 后来的版本中定义的更复杂的内存模型来解决这个问题。这个模型符合现代编程语言的设计原则，并且是基于冲刷操作和原子操作的。

在整个线程组中定义的集体同步的另一个问题是，它只能以 OpenMP 区域内的指令来表达。在有些情况下，需要在复杂的数据结构定义中加入一个同步协议。我们用一种显式的、相互排斥的操作来解决这种情况，这种操作被称为锁（lock）。

最后，在 C++11 中，C++ 为核心语言增加了线程，这就需要在 C++ 中增加一个正式的内存模型。其他语言，如 C 和 OpenCL，都在 C++ 内存模型的基础上建立了自己的内存模型。在 OpenMP 5.0 中，我们也加入了这一趋势，重写了 OpenMP 内存模型，使其与 C++ 编程语言保持一致。因此，一个全面的并行程序员需要了解现代 C++（即 C++11 及以后的版本）的内存模型。我们将简单地讨论这个模型以及它是如何映射到 OpenMP 上的。

11.1　内存一致性模型

OpenMP 线程在共享内存中执行，共享内存是组中所有线程都可以访问的地址空间，其中存储着变量。使共享内存系统高效运行的唯一方法是允许线程保持一个临时的内存视图，该视图驻留在处理器和内存 RAM 之间的内存结构中。这些结构的细节在 OpenMP 规范中没有定义，但它们通常包括寄存器文件、缓存和本地写缓冲区。

在实际应用中，内存一致性模型（简称"内存模型"）定义了内存加载操作所能返回的值。在这种情况下，"内存"这个词指的是所有线程都能访问的共享内存。因此，问题的关键归结为我们如何管理每个线程的内存临时视图与每个线程加载 / 存储操作的顺序。

当线程通过共享内存中的变量进行交互时，线程必须使它们对内存的临时视图与共享内存保持一致。线程通过 flush 构造来实现这一点。在 OpenMP 通用核心中，我们将冲刷描述为一种操作，它使寄存器中的值或写入缓存层次结构中的值被写入内存，使缓存行被标记为无效，以便下次访问它们时能从内存中加载，以及在特定系统上需要的任何其他操作以使线程的内存视图与共享内存中的视图一致。在通用核心中，我们没有解释如何显式调用冲刷。相反，我们把重点放在了隐含冲刷的构造上（如任务构造和栅栏）。

然而，为了探索 OpenMP 内存模型的全部复杂性，我们需要讨论显式冲刷。flush 指令定义在表 11-1 中。冲刷集（flush-set）是应用于冲刷的共享变量的集合。默认情况下，冲刷集是线程可用的所有共享变量，并且在线程遇到 flush 指令时可以访问。冲刷的可选子句提供了一个逗号分隔的共享变量列表。它们定义了一个缩小的冲刷集，可以让程序员定义的冲刷变量子集。

表 11-1　C/C++ 和 Fortran 中的冲刷。一个可执行的指令，使线程的共享内存视图与共享内存保持一致。可选的冲刷集是一个以逗号分隔的共享变量列表，该列表应用冲刷操作

#pragma omp flush *[(flush-set)] new-line*
!$omp flush *[(flush-set)]*

除了解决内存一致性的问题，冲刷还与管理编译器何时可以重新排序指令的规则进行交互。如果指令使用了冲刷集的变量，编译器是不允许围绕冲刷来重新排序指令的。这意味着，程序员可以分析冲刷以及它与指令在程序中的关系，以推理出与其他线程共享的冲

刷集中的值。

在此处，提供一个如何使用冲刷的例子会很有用。然而，我们不能这样做，因为单独地使用冲刷是一个危险的指令。这也是为什么在 OpenMP 通用核心中我们不支持显式冲刷的部分原因。我们将把如何使用冲刷的例子推迟到下一节讨论成对同步问题时再讨论。

回到我们的中心问题，即明确定义当一个变量从内存中加载时，可以合法地返回哪些值，我们需要讨论冲刷（或任何其他操作）如何与程序执行的其他操作在时间上进行排序。在这个讨论中，我们将采用内存模型文献中使用的传统语言，把一条指令或必要时由指令调用的操作作为一个事件来谈论。从并发线程理解事件执行顺序的基础性工作来自 Leslie Lamport[6]。他在 40 多年前建立的并发线程如何交互的形式化工作，被沿用至今。他的方法做到了不假设所有线程都有一个绝对的、精确的时间参照。这项工作受到狭义相对论中时间出现的方式的启发，在狭义相对论中，只能保证特定惯性参考框架之间的事件顺序，不能假设事件的绝对顺序与外部的绝对时钟有关。

Lamport 工作的核心是围绕 happens-before 关系组织的并发概念。来自并发线程的指令在特定的同步事件之外，彼此之间是无序的。在一个可扩展的系统中，没有办法给每条指令分配一个时间戳，并把它们在时间上的顺序固定下来。你能做的就是建立一个 "happens-before" 的关系，也就是说，对于一个正确的同步程序，某些事件发生在其他事件之前。

事件之间的 happens-before 关系到底是什么意思？我们首先考虑在单线程上运行的 happens-before 关系。为此，我们需要引入一个新的术语：sequenced-before 关系。

- ❑ sequenced-before 关系：单个线程执行的事件之间的偏序。给定两个事件 A 和 B，如果 A 的评估（包括 A 所隐含的任何附带后果）在 B 的执行之前完成，我们就说 A 被排序在 B 之前。

sequenced-before 的概念与语言设计界熟悉的顺序点（sequence point）概念紧密结合。考虑一下构成程序的语句。这些语句包括声明、算术运算、函数调用、内存分配，基本上，还有我们用来构建程序的任何东西。其中一些语句，如一个标量的简单赋值，直接映射到计算机的低级指令上。你执行一个存储操作，它就完成了，不需要启动其他操作，没有任何附带后果。其他语句，如声明和初始化一个数组，涉及多个低级操作，即分配内存，存储一个值，增量指针以指向内存下一个位置，存储另一个值等等，直到完成全部元素的初始化。这些简单的声明和初始化语句在计算机上发起了许多操作，造成了一系列可能的附带后果。无论简单还是复杂的情况，我们将顺序点的概念描述为程序执行中的点，在此处所涉及的有关语句以及与语句相关的任何附带后果均已完成。

对我们来说，详尽地列出定义顺序点的规则是不值得的。我们只考虑最重要的规则和几个例子。在 C 语言编程中，最常见的顺序点包括以下几种：

- ❑ 一个完整表达式的结束。这包括初始化和控制流语句内的表达式，如 if、while

和 `for`，以及 `return` 语句的表达式。

❑ 在逻辑运算符 `&&` 和 `||`、条件运算符 `?` 以及逗号运算符处。

❑ 在函数调用时，尤其是在所有参数的评估之后，但在调用之前。

❑ 在函数返回之前。

在 C 语言中还有其他的顺序点，但上面列出的这些顺序点涵盖了最常见的情况，足以让我们理解它们与内存一致性之间的关系。

我们在图 11-1 中给出了一些顺序点的典型例子。第 2 行到第 4 行的每一个声明都是顺序点，第 11 行的声明也是顺序点，a=1，b=2 和 c=0 的子表达式也是顺序点。由于逗号运算符是一个顺序点，所以这三个子表达式的出现有一个明确的顺序：a=1 被排序在 b=2 之前，而 b=2 被排序在 c=0 之前。第 17 行的完整语句定义了一个顺序点，这条语句包含两个函数的调用。由于 + 运算符不是一个顺序点，所以第 17 行表达式里面的函数调用没有排序。因此，我们说函数调用的顺序点是不确定顺序的（indeterminately sequenced），也就是说，它们没有定义一个 sequenced-before 的关系。

```
1    // each declaration is a sequence point
2    extern int func1(int, int);
3    extern int func2(int);
4    extern int func3(int);
5
6    int main()
7    {
8    // The two comma operators plus the full expression define sequence
9    // points ... all ordered by sequenced-before relations.
10
11       int a = 1, b = 2, c = 0;
12
13   // 3 sequence points: the full statement plus the 2 function calls.
14   // The + operator is not a sequence point so the function calls are
15   // unordered and therefore, indeterminately sequenced.
16
17       d = func2(a) + func3(b);
18
19   // each expression in the for statement is a sequence point.
20   // they occur in a sequenced-before relation.
21
22       for (int i = 0; i < N; i++) {
23          // function invocations are each a sequence point. Argument
24          // evaluations are unordered or indeterminately sequenced.
25
26          func1(func2(a), func3(b));
27       }
28
29   // Mixing of a store and an increment on the same variable in the
30   // same statement. They are unordered and define a race
31   // condition. The increment and store are unsequenced.
32
33       a = a++;
34   }
```

图 11-1　顺序点的例子。这个程序片段展示了最常遇到的顺序点的例子，以及 sequenced-before、indeterminately sequenced 和 unsequenced 的关系

在第 22 行到第 27 行，我们有一个 for 循环。第 22 行的循环表达式是顺序点，包含三个，每个子表达式是一个顺序点。这些都是有序的表达式，因此在它们之间定义了一个 sequenced-before 关系。在第 26 行的 for 循环的主体内部，有一个表达式，在这个表达式中，一个函数被调用，其参数本身也是函数调用。每个函数调用都是一个顺序点，然而，在 C 语言编程中，函数的参数被评估的顺序是没有定义的。因此，这又是一个顺序点不确定顺序的情况。

作为我们在图 11-1 中的最后一个例子，请考虑第 33 行的表达式。这是 C 语言编程中一个微妙的点。完整的表达式是一个顺序点，但它包含两个操作：对变量 a 的赋值操作和对变量 a 的增量操作。这是在增量完成之前可以对 a 赋值的情况，这本质上是一个竞争条件。这种情况是不允许的，子表达式是无序的（unsequenced）。

总而言之，顺序点是程序执行中的一个点，在这个点上，一个事件是完整的，与该事件相关的任何附带后果也是完整的。对于程序中顺序点的排序，我们有三种情况：

- sequenced-before：顺序点之间的关系是一个顺序点接着另一个顺序点。
- indeterminately sequenced：顺序点之间的关系是，它们以某种顺序执行，但这个顺序没有被定义。
- unsequenced：当顺序点发生冲突并导致未定义的结果时，该情况成立。

单个线程中的 happens-before 关系直接沿用了 sequenced-before 关系的概念。如果事件 A 是排序在事件 B 之前的，那么就说

A happens-before B

如果事件 A 与事件 B 的顺序不确定，它们就不存在 happens-before 关系。一旦理解了编程语言定义的顺序点，在一个单线程内定义一个 happens-before 关系是很容易而琐碎的。当我们考虑两个或多个并发线程中的语句时，happens-before 关系就会变得更加有趣。

为了定义线程之间的 happens-before 关系，我们必须同步线程。在 OpenMP 通用核心中，我们用适用于整个线程组的集体同步操作来定义同步。现在我们想使用更细粒度的同步概念，我们将同步视为两个或多个线程之间的特定事件。我们通过定义一个 synchronized-with 关系来实现。

当线程围绕一个事件协调执行，以定义其执行的顺序约束时，synchronized-with 关系在线程之间成立。这个概念最好通过一个例子来理解。考虑表 11-2 中所示的两个线程的执行情况。我们可以将每个线程的执行看作是一个事件序列，将每个事件看作是一个顺序点，并进一步认为每个线程的事件都是按 sequenced-before 关系排序的。一个特殊事件（我们在讨论成对同步问题时将会详细描述）被用来定义 synchronized-with 关系。换句话说，两个线程协调它们的执行，并围绕 synchronized-with 关系中涉及的事件序列进行排序。这让我

们可以定义线程之间的两个 happens-before 关系：

- A_1 happens-before B_1 happens-before $S_1 \longleftrightarrow S_2$ happens-before C_2
- A_2 happens-before B_2 happens-before $S_2 \longleftrightarrow S_1$ happens-before C_1

表 11-2　synchronized-with 和 happens-before。两个线程执行一个事件序列。在每一个线程上，事件 A_i、B_i、S_i 和 C_i 通过 sequenced-before 关系进行排序。事件 S_1 和 S_2 是定义两个线程之间 synchronized-with 关系的特殊事件。由此，我们可以定义不同线程上的事件之间的 happens-before 关系

线程 1	线程 2
事件 A_1	事件 A_2
事件 B_1	
	事件 B_2
事件 $S_1 \longleftrightarrow$	事件 S_2
事件 C_1	事件 C_2

我们现在有了理解多线程之间事件顺序所需的工具。我们将一般术语"事件"与顺序点联系起来。我们了解如何通过 sequenced-before 关系来对顺序点进行排序。为了在线程之间对事件进行排序，我们使用 synchronized-with 关系。把这两个概念放在一起，我们就可以理解线程之间的 happens-before 关系。通过跟踪冲刷，包括隐式的冲刷和显式的冲刷，我们可以定义在程序中不同点从内存中读取的值（这正是内存模型的设计目的）。

我们已经涵盖了很多领域，却没有太多的示例代码。这是必要的，因为在我们进入代码之前，我们确实需要将顺序点、happens-before 关系、冲刷以及 synchronized-with 关系等联系起来。我们将在下一节讨论成对同步问题时这么做。

11.2　成对同步

在第 8 章中，我们观察到 OpenMP 通用核心中不支持成对的或点对点（point-to-point）的同步。现在我们的讨论已经超越了通用核心，我们将重新审视这个问题并展示如何解决它。我们将通过考虑生产者 – 消费者模式来推动这一讨论，这是并行计算中常用的模式。一个线程，即生产者，进行一些工作以产生一个结果。另一个线程，即消费者，等待生产者完成工作，然后消费结果。这将两个步骤之间的处理序列化，似乎不值得在探讨并行计算时讨论。然而，这种模式在通常所说的流水线并行里面是非常常见的。

我们在图 11-2 中展示了流水线并行的示意图。在图的上半部分，我们将生产者和消费者步骤显示为一个线性序列，由一个线程来执行。我们通过创建两个线程来创建处理流水线：一个线程用于运行生产者任务，另一个线程用于运行消费者任务。一旦流水线满了，

在这种情况下,在第一个生产者任务完成后,两个线程可以并行进行。一开始的串行工作(填满第一个流水线阶段)并不重要,只要流水线阶段的数量足够大,这些流水线并行程序的性能就会相当不错。

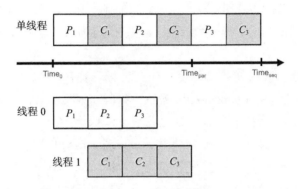

图 11-2　流水线并行。由两个阶段组成的过程:生产者阶段(P_i)和消费者阶段(C_i)。依次执行(图的上半部分),这个过程需要 $Time_{seq}$ 。通过在两个线程上以流水线并行的方式运行(图的下半部分),一旦流水线被填满,两个阶段就会重叠,运行时间降为 $Time_{par}$

流水线并行的核心是并发线程中单个生产者 – 消费者对如何交互。我们在图 11-3 中展示了一个实现生产者 – 消费者对的程序。需要强调的是,这个程序是不正确的。在本节的描述中,我们将展示使其正确的方法。

```
1   int flag = 0;  // a flag to communicate when the consumer can start
2   omp_set_num_threads(2);
3
4   #pragma omp parallel shared(A, flag)
5   {
6       int id = omp_get_thread_num();
7       int nthrds = omp_get_num_threads();
8
9       // we need two or more threads for this program
10      if ((id == 0) && (nthrds < 2)) exit(-1);
11
12      if (id == 0) {
13          produce(A);
14          flag = 1;
15      }
16      if (id == 1) {
17          while (flag == 0) {
18              // spin through the loop waiting for flag to change
19          }
20          consume(A);
21      }
22  }
```

图 11-3　同步不正确的成对同步。一个生产者 – 消费者模式,一个线程产生一个结果,另一个线程将消耗这个结果。这个程序使用了一个自旋锁,使消费者等待生产者完成。注意:虽然这个程序的逻辑是正确的,但它包含了一个数据竞争。因此,它不是一个有效的 OpenMP 程序,并且这样编写的程序将无法运行

这个程序使用自旋锁来实现成对同步。自旋锁使用一个简单的变量作为标志，在线程之间发出信号。这个信号必须对两个线程都可见，所以我们在创建线程之前声明标志 `flag`。我们在第 4 行用并行构造创建线程，使用 `shared(A, flag)` 子句只是为了强调这些变量在线程之间是共享的。创建线程组后，我们检查一下是否真的得到了我们在第 10 行要求的两个线程。然后我们选择一个线程（线程 0）作为生产者，另一个线程（线程 1）作为消费者。

`flag` 变量在分配时被初始化为零。生产者做工作产生结果，即变量 A，然后设置 `flag`，与线程 1 建立 synchronized-with 关系。同时在线程 1 上，即生产者线程，执行第 17 到第 19 行的（本质上是）自旋锁。这是一个 `while` 循环，它一直旋转到变量 `flag` 的值变成非零。这时，它退出循环，完成其 synchronized-with 关系部分的事件。线程 1 知道它的 synchronized-with 事件是排序在第 20 行的 `consume(A)` 之前的，而线程 0 上的 `produce(A)` 是排序在线程 0 上的 synchronized-with 事件之前的，因此可以放心地认为它将加载一个一致的 A 值，这个值用于 `consume(A)` 函数中。

图 11-3 的程序无法工作。它失败的原因有两个，在解释这些原因时，我们将涵盖在处理内存模型和同步时必须理解的关键问题。同步有两个方面：数据同步和线程同步。对于数据同步，我们需要两个线程在内存中看到同一个变量的一致值。在我们的生产者－消费者问题中，有关的变量是 A，由于一个线程可以维护自己对内存的临时视图，所以不能保证生产者创建的值被写回内存，供消费者加载。同样，也不能保证消费者会从内存中提取 A 的值，而不是从自己的缓存层次结构视图里面取值。因此，两个线程都需要执行事件，使自己对共享变量的视图与内存中的视图保持一致。也就是说，两个线程都需要 `flush` 指令。我们需要在生产者完成将其更新的值赋值给 A 之后（即第 13 行之后）就放置一个冲刷指令，而消费者则需要在消耗 A 之前（即第 20 行之前）就发出一个冲刷指令。

我们使用完全冲刷（即不使用创建限制性冲刷集的子句）来限制编译器如何围绕冲刷而重新排序语句。如果语句涉及的变量是冲刷集的一部分，编译器就不能围绕冲刷移动语句。如果我们不使用完全冲刷来解决 A 的数据同步问题，编译器就有可能围绕生产者和消费者函数移动对 `flag` 变量的操作。

我们需要探讨的同步的第二个方面是线程同步，或者更准确地说，我们如何在两个线程之间建立 synchronized-with 的关系。正如前面所说，我们用自旋锁来实现。使用与解决数据同步问题相同的逻辑，我们需要在正确的位置放置 `flush` 指令来支持自旋锁。我们在图 11-4 中展示了如何放置冲刷指令以支持自旋锁。对于生产者，我们在 A 被赋值后进行完全冲刷。接下来设置 `flag` 变量的语句是在 A 的冲刷之后排序的，这意味着如果另一个线程从内存中进行 `flag` 的加载，作为何时安全加载 A 的信号，我们可以安全地假设 A 的冲刷发生在 `flag` 被设置之前。

```
1    int flag = 0;   // a flag to communicate when the consumer can start
2    omp_set_num_threads(2);
3
4    #pragma omp parallel shared(A, flag)
5    {
6       int id = omp_get_thread_num();
7       int nthrds = omp_get_num_threads();
8
9       // we need two or more threads for this program
10      if ((id == 0) && (nthrds < 2)) exit(-1);
11
12      if (id == 0) {
13         produce(A);
14         #pragma omp flush
15         flag = 1;
16         #pragma omp flush (flag)
17      }
18
19      if (id == 1) {
20      #pragma omp flush (flag)
21      while (flag == 0) {
22         #pragma omp flush (flag)
23      }
24      #pragma omp flush
25      consume (A);
26      }
27   }
```

图 11-4　带冲刷的成对同步。一个带有自旋锁和显式冲刷的生产者 – 消费者程序。这个代码是不正确的，因为对 flag 的操作定义了一个数据竞争

在消费者线程内部，我们实现了自旋锁的关键步骤。我们有一个 while 循环，一直旋转到 flag 的值发生变化。我们需要在 while 循环之前放一个冲刷，以确保我们从内存中获取 flag 的最新值，但在这种情况下，除了 flag 本身之外，没有必要对其他任何部分做同样的操作。因此，我们使用冲刷与一个定义了限制性冲刷集的列表。注意，在 while 循环里面，我们需要包含一个额外的冲刷指令。编译器对多线程一无所知。它可以查看该代码，并意识到 flag 的值并没有被循环的迭代所写入。就编译器而言，它是一个常量，编译器可以把它放在临时存储中，比如寄存器[⊖]。因此，我们必须在循环中放置一个冲刷指令，强制从内存中刷新，以使自旋锁退出事件来发挥作用。

一旦自旋锁解析成功，我们插入最后一次冲刷，以确保我们得到 A 的最新值，自旋锁建立了一个 synchronized-with 关系。A 的完全冲刷保证了我们有正确的数据同步。因此，我们有一个有效的 happens-before 关系，且程序是正确的。

其实，这个程序是不正确的。OpenMP 内存模型被重新定义，超越了原来对冲刷和栅栏的依赖。与现代编程语言一致（本章后面我们会再次讨论这个话题），一个 synchronized-with 关系不能用常规变量建立，只有通过原子操作才能建立 synchronized-with 关系。将 flag 设置为 1，然后将其加载到内存中，这些都不是原子操作。它们涉及对同一地址的无

⊖　编译器的这个决定可能取决于编译器的优化水平。这可能会导致一个程序仅仅通过改变编译器的选项就被"中断"了。

序读写，这是一个数据竞争，定义了一个技术上无效的程序。

我们在基于 x86 架构[⊖]的系统上对图 11-4 中的程序进行了广泛的测试，每次都能正常工作。这是因为 Intel 公司支持的硬件内存模型异常宽容。它基本上把常规的加载和存储当作松弛的原子操作（也就是没有排序的原子操作）。为了找到程序失败的情况，我们转向 Arm CPU 和 IBM Power CPU。这些处理器的内存模型比 x86 内存模型的宽容度要低得多，而且对常规的加载和存储没有做出原子性的保证。我们再一次发现，程序每次都能正常工作。尽管程序中包含了数据竞争，而有数据竞争的程序是无效的，但对于图 11-4 中的程序来说，这似乎并不重要。这是并行应用程序开发人员中的一个敏感话题。根据编程语言的设计者们的观点，不存在所谓的良性数据竞争。如果程序出现了数据竞争，那就是错误的，编译器不必对正确性做出任何保证。例如，基于松弛方法的偏微分方程求解器有时允许数据竞争，否则同步开销太大 [8]。它们是迭代的，如果数据竞争导致实际值出错，错误会在接下来的几次迭代中得到修正。也有一些机器学习算法容忍数据竞争，只是为了避免过多的同步开销 [12]。这些程序是可行的，但对于设计语言和构建编译器的人来说，这并不重要。

我们如何使生产者 – 消费者程序正确呢？关键是修改自旋锁，以便通过原子加载和存储操作建立 synchronized-with 关系。正如我们在 10.2.3 节中所讨论的那样，原子操作是指完整发生或根本不发生的操作。当一个变量被原子操作控制时，是不可能看到它的中间状态的。在图 11-5 中，我们展示了通过自旋锁使 synchronized-with 关系工作所需的改变。对于生产者，我们把对 `flag` 变量的赋值放在一个 `atomic write` 构造里面。我们不需要在 `atomic` 构造之后为 `flag` 变量单独进行冲刷，因为原子构造所隐含的冲刷会使 `flag` 的值与内存保持一致。但是，请注意，我们仍然需要在原子构造之前进行冲刷。这是为了保证编译器在进行原子写之前，使 `A` 的值与内存中的值一致。

在消费者端，我们不得不再做一些改动来支持原子性的使用。在图 11-5 中，我们把 `while` 循环变成了一个无限循环，一旦 `flag` 上的条件被设置，我们就会脱离这个循环。同时为了避免变量 `flag` 上的任何写冲突，我们将其值存储到一个临时的 `flag` 变量中，并测试该变量的值来决定何时脱离循环。在自旋锁建立了 synchronized-with 关系后，我们再做一次冲刷，以确保我们在生产者上设置 `flag` 的值之前，内存中 `A` 的值是一致的。

一个原子操作意味着一次冲刷，所以是否需要最后一次冲刷是值得商榷的。问题在于，OpenMP 标准放宽了约束编译器在隐含的冲刷周围移动语句能力的规则。实质上，具有原子性的冲刷并没有定义对内存的操作顺序，而那个额外的冲刷是需要的。我们将在后面谈论受 C++11 标准启发而在 OpenMP 额外增加的内存模型时，重新讨论这个话题。

⊖ x86 架构是 Intel 公司开发和使用的处理器的指令集架构系列。

```
1    int flag = 0;   // a flag to communicate when the consumer can start
2    omp_set_num_threads(2);
3
4    #pragma omp parallel shared(A, flag)
5    {
6        int id = omp_get_thread_num();
7        int nthrds = omp_get_num_threads();
8
9        // we need two or more threads for this program
10       if ((id == 0) && (nthrds < 2)) exit(-1);
11
12       if (id == 0) {
13           produce(A);
14           #pragma omp flush
15           #pragma omp atomic write
16               flag = 1;
17       }
18       if (id == 1) {
19           while(1) {
20               #pragma omp atomic read
21                   flag_temp = flag;
22               if (flag_temp != 0) break;
23           }
24           #pragma omp flush
25           consume (A);
26       }
27   }
```

图 11-5　使用冲刷和原子性的成对同步。这是一个带有自旋锁和显式冲刷的生产者 – 消费者
　　　　程序。由于使用原子性更新然后读取 flag，这个程序在任何处理器上都是无竞争的

11.3　锁以及如何使用它

OpenMP 的锁与 pthreads 的互斥锁功能基本相同，它是用来围绕互斥建立同步协议的。
与 critical 构造不同，OpenMP 的锁是作为库例程实现的。这意味着它们可以以不同的
方式嵌入到软件中。我们相信，最容易体会到需要锁的情况之一是当同步协议与数据结构
紧密交织在一起的时候。这就是我们将在本节中讨论的问题。

首先，我们来考虑一下锁本身。锁与具有锁类型的变量相关联，我们在表 11-3 中展示
了一个使用锁的简单案例。在使用锁变量之前，必须对它进行初始化。一旦被初始化，它

表 11-3　C/C++ 和 Fortran 中的锁

C/C++	Fortran
omp_lock_t lck;	integer (omp_lock_kind) lck
omp_init_lock(&lck);	call omp_init_lock(lck)
#pragma parallel shared(lck)	!$omp parallel shared(lck)
{	
omp_set_lock(&lck);	call omp_set_lock(lck)
... do something	.... do something
omp_unset_lock(&lck);	call omp_unset_lock(lck)
}	!$omp end parallel
omp_destroy_lock(&lck);	call omp_destroy_lock(lck)

可以有两个值：set 和 unset。如果一个线程调用例程来设置锁，而锁已经被设置了，那么线程将等到锁被解除设置后，才会设置锁并继续执行。锁的设置和解除设置例程意味着一次冲刷，所以它们隐含着所需的内存移动，用相互排斥功能来支持内存一致性。

当探索锁如何与程序中的不同数据结构交互时，锁的功能就显现出来了。在图 11-6 中，我们展示了一个测试简单的均匀分布的随机数生成器的程序。它通过调用随机数生成器并构造一个返回的伪随机值的直方图来实现。我们在这里不展示逻辑，但假设随机数生成器是一个并行的随机数生成器，无论有多少线程调用它，它都会产生一个单一的伪随机序列。

```
1   #include <omp.h>
2   #include <math.h>
3   #include "random.h"   \\seed() and drandom()
4   #define num_trials 1000000      // number of x values
5   #define num_bins   100          // number of bins in histogram
6   static long xlow = 0.0;         // low end of x range
7   static long xhi = 100.0;        // High end of x range
8
9   int main ()
10  {
11      double x;
12      long hist[num_bins];  // the histogram
13      double bin_width;       // the width of each bin in the histogram
14      omp_lock_t hist_lcks[num_bins]; // array of locks, one per bucket
15      seed(xlow, xhi);  // seed random generator over range of x
16      bin_width = (xhi - xlow) / (double)num_bins;
17
18      // initialize the histogram and the array of locks
19      #pragma omp parallel for schedule(static)
20      for (int i = 0; i < num_bins; i++) {
21          hist[i] = 0;
22          omp_init_lock(&hist_lcks[i]);
23      }
24      // test uniform pseudorandom sequence by assigning values
25      // to the right histogram bin
26      #pragma omp parallel for schedule(static) private(x)
27          for(int i = 0; i < num_trials; i++) {
28
29          x = drandom();
30          long ival = (long) (x - xlow)/bin_width;
31
32          // protect histogram bins. Low overhead due to uncontended locks
33          omp_set_lock(&hist_lcks[ival]);
34              hist[ival]++;
35          omp_unset_lock(&hist_lcks[ival]);
36      }
37      double sumh = 0.0, sumhsq = 0.0, ave, std_dev;
38      // compute statistics (ave, std_dev) and destroy locks
39      #pragma omp parallel for schedule(static)
40          for (int i = 0; i < num_bins; i++) {
41          sumh   += (double) hist[i];
42          sumhsq += (double) hist[i] * hist[i];
43          omp_destroy_lock(&hist_lcks[i]);
44          }
45      ave = sumh / num_bins;
46      std_dev = sqrt(sumhsq / ((double)num_bins) - ave * ave);
47      return 0;
48  }
```

图 11-6　保护直方图更新的锁。生成一个伪随机数序列，并将其赋值给直方图

我们在第 12 行创建一个数组 hist[num_bins]，这个数组保存了与直方图相关联的 bins。在程序的后半部分，我们创建了一个并行循环（第 26 行到第 36 行），将一个变量设置为伪随机序列的下一个值，然后确定它在直方图中属于哪个 bin。直方图是一个共享数据结构。任何线程都可以在任何迭代过程中更新直方图中的任何 bin。使用 OpenMP 通用核心的结构，需要把对直方图 bin 的赋值放在一个临界区域内，这将导致组中的大多数线程花费大量时间等待访问直方图结构。

解决的办法是创建一个锁的数组（第 14 行），直方图中的每个 bin 都有一个锁。我们在第 20 行到第 23 行的循环中初始化锁的数组和直方图的 bins。实质上，锁与直方图相关联，基本上成为直方图本身的一部分。如果随机数发生器正常工作，它将在其统一值域内随机返回值。这意味着任何两个线程同时试图更新直方图的同一个 bin 的概率很低。换句话说，锁很可能是无竞争的。

在第 33 行到第 35 行，我们看到了锁是如何使用的。通过在增量一个 bin 之前设置锁，线程保证一次只有一个线程可以执行更新。当设置锁时，意味着一次冲刷，这样线程更新的直方图值与内存中的值一致。当第 35 行解锁时，直方图的值会被冲刷，所以当下一个线程抓取锁更新该 bin 时，它将看到正确的值。当我们测试完并行随机数后，我们计算统计直方图中 bin 的分布，并在第 39 行到第 44 行销毁锁。

在 OpenMP 规范中，有许多关于锁的变化。这是因为锁是构建高级同步协议的基础结构。对于并发算法开发者来说，丰富的锁选项集是多线程编程环境的一个基本特征。然而，对于并行应用程序员来说，通常所需要的就是我们在这里讨论的基本形式。

11.4　C++ 内存模型和 OpenMP

ANSI C++11 标准定义的 C++ 内存模型是许多现代编程语言的基础内存模型。大多数在 ANSI C++11 标准之后定义的包含线程的编程语言，都是以 C++ 标准为基础，建立自己的内存模型。OpenMP 5.0 版本也不例外。

问题是，C++ 内存模型是非常复杂的。很少有人，甚至是自诩为专家的人，能够完全理解这个模型。它的功能很强大，可以让程序员以较低的开销编写复杂的并发算法。然而，正确使用它的更多微妙的特性，而不引入竞争条件是非常困难的。

我们将不尝试对 ANSI C++11 内存模型进行完整的描述。相反，我们将对 OpenMP 5.0 版本标准中出现的模型特性进行概述。我们已经讨论过这个模型如何投射到 OpenMP 的中心思想。一个内存模型是以 happens-before 关系、数据同步操作以及基于原子行为的 synchronized-with 操作来定义的。这与原来的 OpenMP 内存模型以冲刷操作（包括隐式和显式）来定义是有很大区别的。

新的模型很复杂，远远超出了一般并行应用开发者的理解能力。如果我们继续沿用 OpenMP 一开始的简单模型就容易多了。然而，OpenMP 语言界内部的观点是，基于冲刷的模型会产生太多的开销。虽然程序员更容易理解，但对性能的影响是不能容忍的，因此需要一个基于原子行为和冲刷的更精细的模型。

C++11（以及此后的版本）定义了原子操作，用于定义 synchronized-with 关系。正如我们前面所说，原子操作是一种特殊类型的操作，它要么运行到完成，要么根本不发生。换句话说，一个程序永远不能观察到一个部分完成的原子操作。原子操作的例子包括加载（读）、存储（写）、原子加替换（读取 – 相加 – 写入操作）、交换，以及我们熟悉的逻辑操作 AND、OR 和 XOR 相结合的原子逻辑替换操作（读取 – 逻辑操作 – 写入操作）。

为了发挥它们作为编程语言中同步的基础作用，必须定义原子操作相对于其他变量的加载和存储顺序的可观察顺序。C++ 中最常用的内存顺序包括以下几种：

- seq_cst 或顺序一致：对所有线程来说，内存的加载和存储将以相同的顺序发生。这个顺序将是所有线程上执行的任何语义上有效的指令交叉。
- release：在释放操作 R 之前顺序的存储操作（包括原子和非原子），不得重新排序为出现在 R 之后。
- acquire：在获取操作 A 之后顺序的加载操作（包括原子和非原子），不得重新排序，使其看起来发生在 A 之前。
- acquire_release：围绕一个 acquire_release 操作，加载和存储（包括原子和非原子）不能重新排序。

如表 11-4 所示，这些内存顺序是作为原子构造的附加参数来表示的。

表 11-4　C/C++ 和 Fortran 中的原子构造。这些构造与前面定义的原子构造相同，但有一个可选的子句来定义内存顺序

```
#pragma omp atomic [atomic_clause] [memory_order_clause]
!$omp atomic[atomic_clause] [memory_order_clause]
where atomic_clause is read, write, update, or capture
and memory_order_clause is seq_cst, acq_rel, release, acquire, or relaxed
```

如果一个原子操作发生时没有上述任何内存顺序子句，则称其为松弛原子。这意味着该操作仍然是原子操作（即它要么执行到完成，要么根本不执行），但它并不意味着对内存的加载和存储有顺序。无论用原子操作定义的内存顺序如何，对同一对象的原子操作永远不能相互重排顺序。

关于内存顺序以及如何使用它们的完整讨论将需要一整本书。为了理解它们，我们推荐经典书籍 *C++ Concurrency in Action* [15]。在这本优秀（但很紧凑）的书中，描述了 C++11 内存模型中的内存顺序，以及它们在并发算法和数据结构中的使用。尤其令人感兴趣的是，如何构建适当的数据同步，但不使用锁的并发数据结构这一引人入胜的问题。虽然很吸引人，但这种类型的编程是非常高级的，最好留给那些以编写这种代码为全职工作的人，换句话说，不是 OpenMP 所服务的应用程序员。

虽然了解 C++ 编程语言中的所有内存顺序是件好事，但我们建议只使用其中的一种：顺序一致的内存顺序。这是大多数从事多线程编程工作的人所假设的直观的内存顺序。有一些并发的线程，由于它们是并发的，所以在显式线程同步操作（如栅栏或自旋锁）之外，线程之间的操作相对于彼此是无序的。通过观察对内存中共享变量的更新操作，似乎是以某种语义上允许的顺序来进行这些更新，就好像跨线程的指令是交错的。只要程序是无竞争的，这种简单的内存顺序就很容易理解和使用。

让我们回到带有自旋锁的生产者 – 消费者程序，建立一个 synchronized-with 关系。在图 11-7 中，第 14 行和第 20 行的原子操作看起来和之前一样，但是我们添加了 `seq_cst`，一个内存顺序子句。这说明围绕原子操作的加载和存储的内存顺序将遵循一个顺序一致的程序所暗示的顺序。这意味着共享变量的更新不能被编译器围绕原子操作移动。在原子操作之前，会完成与原子操作有 sequenced-before 关系的指令。原子操作之后的顺序点在原子操作之后才会发生。支持交错语义所需的内存移动操作是隐含的，因此不需要显式冲刷。

```
1   int flag = 0;  // a flag to communicate when the consumer can start
2   omp_set_num_threads(2);
3
4   #pragma omp parallel shared(A, flag)
5   {
6       int id = omp_get_thread_num();
7       int nthrds = omp_get_num_threads();
8
9       // we need two or more threads for this program
10      if ((id == 0) && (nthrds < 2)) exit(-1);
11
12      if (id == 0) {
13          produce(A);
14          #pragma omp atomic write seq_cst
15              flag = 1;
16      }
17
18      if (id == 1) {
19          while(1) {
20              #pragma omp atomic read seq_cst
21                  flag_temp = flag;
22              if(flag_temp != 0) break;
23          }
24          consume(A);
25      }
26  }
```

图 11-7　具有顺序一致性的原子成对同步。一个生产者 – 消费者程序，但现在使用的原子
　　　　构造形式隐含着我们需要的所有冲刷

`seq_cst` 内存顺序在 4.5 版本中被添加到 OpenMP 中。如果不是所有的 OpenMP 编译器都支持的话，也是大部分都支持的。其他的内存顺序直到 OpenMP 5.0 才被添加，因此需

要支持 OpenMP 5.0 或更高版本的编译器。使用其他内存顺序可以带来效率上的好处。一个带有 release 语义的原子与一个带有 acquire 语义的原子配对，以定义一个 synchronized-with 关系。相对于 seq_cst 内存顺序，这有望显著增加效率优势。

但是，我们目前不建议使用其他内存顺序，因为它们很难理解。众所周知，因内存中操作顺序问题而产生的错误是难以调试的。错误是偶发的，除了最严格的测试制度外，很难暴露出来。我们建议坚持使用更直接的 seq_cst，只有当算法中的可扩展性问题要求你这样做时，才转向其他内存顺序。请注意，在大多数可扩展性算法中，同步操作之间的工作占据了运行时间，同步协议中微小的性能差异不会严重影响程序的整体性能。

11.5 结束语

有经验的多线程程序员通常不了解内存模型的底层细节。我们大多数人都使用一套简化的内存模型规则，很少深入到内存模型中。我们强烈建议你也这样做。

为了让大家明白这一点，我们建议大家遵循以下准则：

❑ 作为第一个行动路线，使用集体同步操作（collective synchronization），如临界区和栅栏。对共享工作构造的 nowait 子句要非常谨慎⊖。

❑ 如果需要使用成对协议，请使用顺序一致的内存顺序的原子操作，避免使用显式冲刷。

❑ 理解数据同步和线程同步之间的区别。栅栏（包括隐式和显式）将两者结合起来，使其简单易用。互斥结构（临界区和锁）最好只用于数据同步。对于线程同步，使用原子操作与顺序一致的内存顺序。

最后一点需要进一步解释。在 OpenMP 3.1 中，约束编译器如何围绕隐式冲刷指令重新排序的规则被放宽了。之所以这样做，是因为更严格的限制抑制了编译器从程序中提取足够性能的能力。因此，除了栅栏之外，程序员必须考虑某些 OpenMP 构造所隐含的冲刷，以支持与该构造相关的数据同步。除了栅栏或具有顺序一致的内存顺序的原子操作之外，不要使用任何其他方法来建立线程同步的 synchronized-with 关系。

⊖ nowait 在共享工作构造的末尾禁用隐式栅栏。通过禁用栅栏，nowait 也会消除共享工作构造结束时隐含的冲刷，这可能会破坏一些程序。

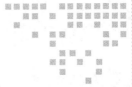

超越 OpenMP 通用核心的硬件

当我们创建 OpenMP 时，共享内存系统通常被视为对称多处理器（SMP）。SMP 的操作系统对每个处理器一视同仁，并假设到达内存中任何位置的成本在整个系统中是一样的。我们知道这只是一个粗略的近似。20 世纪 90 年代末，当我们开始研究 OpenMP 时，由多级缓存构成的内存层次结构是标准形式。然而，根据当时的经验，鉴于大多数程序员难以应付内存访问的非统一成本，所以我们坚持使用 SMP 模型。

当前的平台是由几十个核心的处理器和多个处理器在一个节点上共享内存层次结构而构建的。程序员不能再假装其系统遵循 SMP 模型。如果目标是尽力实现系统的可用性能，程序员别无选择，只能编写将计算机的非统一内存访问（NUMA）特性考虑在内的代码。

现代硬件设计对程序员的挑战远远超出了围绕系统的 NUMA 特性设计代码的需要。硬件趋势强调的是超越基本多线程的并行性。例如，CPU 上专用于向量单元的硅面积已经增加到程序员无法再忽视它们的程度。编译器自动生成向量代码已经有几十年的历史了，但即使在对这个问题进行了多年的研究之后，编译器驱动的自动向量化对于大多数应用来说也不能使其有效地利用向量单元。程序员需要一种方法来告诉编译器如何向量化代码。在 OpenMP 中，我们通过用单指令多数据（SIMD）模型来思考向量化问题，在 OpenMP 中添加了一些指令和支持性语句来覆盖这些情况。

最后，程序员面临的硬件环境已经发生了根本性的变化，因为 GPU 已经从图形专用处理器变成了强大的具有数据并行算法的通用处理器。程序员需要为 GPU 编写软件，OpenMP 已经发展到可以支持这些设备。

在本章中，我们将探讨现代硬件开发的三个分支，并描述 OpenMP 是如何解决这些问题的。我们不会对它们进行详细的介绍，这些主题中的每一个都值得用多章甚至一整本书的篇幅来介绍。本章的目标是提供一个概述，以便读者理解在这些系统上使用 OpenMP 的意义。

12.1 非统一内存访问系统

在第 1 章中，我们讨论了最初创建 OpenMP 时想到的基本硬件模型——对称多处理器（SMP）。计算机要成为 SMP，需要有两个特点。首先，从任何处理器到任何内存位置访问变量的时间必须是相同的，我们称之为统一内存访问（UMA）系统。其次，操作系统必须对所有处理器一视同仁。

正如我们在第 1 章中所解释的那样，SMP 模型是一种过度简化的模型。现代处理器不是 SMP 系统。由于缓存层次结构，从每个核心到内存中的任意地址（内存中的位置）的成本并不相等。

将现代处理器视为非统一内存访问（NUMA）系统更为准确。对于 NUMA 系统来说，从一个处理器（或核心）到另一个处理器（或核心）访问内存中一个给定地址的成本是不同的。一个单独的 CPU 就是一个 NUMA 系统，但当我们把两个或更多的 CPU 放在一起形成一个节点时，系统的 NUMA 特性就变得相当复杂了。

图 12-1 中展示了一个典型的服务器节点的框图。这个服务器节点有两个插槽，每个插槽上都有一个 Intel Xeon E5-2698 v3 CPU。每个 CPU 有 16 个核心，每个核心有两个硬件线程。硬件线程是一组支持线程状态所需的架构特征（包括寄存器和缓冲器）。这意味着一个核心可以同时维持两个活跃的线程，这种方式被称为同时多线程（SMT）。仍然只有一个算术逻辑单元，但核心支持两个活跃的线程，因此如果一个线程被阻塞，核心可以从另一个线程中提取有用的工作（并使核心的资源保持忙碌）。对操作系统来说，每个硬件线程都是作为一个独立的 place（后面 12.1.1 节有详细的定义）来执行线程，因此，每个核心被操作系统算一对逻辑 CPU。

核心围绕着以一对环形网络实现的片上网络被组织起来。每个核心都有一个 L2 统一缓存和一对 L1 缓存（一个用于数据，一个用于指令）。Xeon E5-2698 CPU 有一个共享的 L3 高速缓存，以大量块的形式实现，每个核心一个块。因此，CPU 的 NUMA 特性甚至会影响到 L3 缓存，因为 L3 中的一个缓存行如果来自与该核心相关的块，而不是横跨片上网络许多跳而到达的核心上的块，访问速度会更快。

然而，对于我们所讨论的 NUMA 系统来说，服务器节点最重要的特征是内存控制器。每个 CPU 都有一对内存控制器，它们有自己的动态随机存取内存（DRAM）块。对于图 12-1 中的服务器节点，DRAM 是基于 DDR 内存（双数据速率同步 DRAM）的。一个 CPU 位于一个插槽中。两个 CPU 通过高速互联（或 QPI，即"快速路径互联"）连接，以保持 CPU

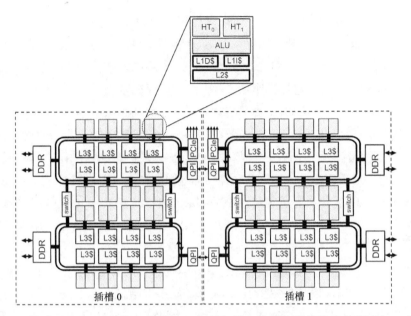

图 12-1　一个典型的 NUMA 服务器节点。本章实例中使用的服务器节点有两个 16 核 Intel
　　　　Xeon E5-2698 v3 CPU (Haswell)，频率为 2.3 GHz，内存为 128 GB DDR4 2133
　　　　MHz（每个插槽有 4 个 16 GB DIMM）。每个服务器节点有两个 NUMA 域，每个
　　　　NUMA 域有 16 个核心。我们展示了其中一个核心的扩展视图，以了解每个核心
　　　　的两个硬件线程如何共享统一的 L2 缓存、L1 数据缓存以及 L1 指令缓存

之间的单一地址空间。然而，当一个核心访问与其内存控制器相连的内存中的一个变量时，
与访问另一个插槽中与 CPU 相关联的内存中的一个变量相比，该内存访问时间要少得多。
可以说，服务器节点有两个 NUMA 域，每个插槽关联一个域。

　　这里的讨论已经远远超出了大多数程序员所关心的内容，展示这些细节的目的是说明
一个关键点。NUMA 的影响是很复杂的，在很多层面都有表现：L3 缓存块、服务器节点
上的四个内存控制器，甚至是单核上的 L1 缓存。考虑到这种复杂性，令人意外的是，对
SMP 模型的编程竟然还能用。它确实有效，因为与 OpenMP 运行时紧密合作的操作系统掩
盖了这些影响。然而，有时，运行时系统无法掩盖系统的 NUMA 本质。为了获得高峰值性
能，必须围绕系统的 NUMA 特性来组织程序中的线程和数据结构。

12.1.1　在 NUMA 系统上工作

　　一个线程运行在一个硬件资源上。我们经常使用处理器这个名称来指代计算机系统中
的通用硬件资源。然而，对于这个讨论，要非常小心地使用我们的术语，避免因混合使用
核心、处理器、CPU 和硬件线程等术语而产生混淆。因此，我们将定义一个新的、更精确
的术语——place 来特指任何支持线程执行的硬件资源。

在 SMP 系统中，几乎没有理由去考虑线程运行的 place。只要它们均匀分布，互不干扰，线程运行的 place 就不重要。然而对于 NUMA 系统来说，了解线程运行的 place 是至关重要的。我们用线程亲和力（thread affinity）这个术语来指将线程映射到特定的 place，并将它们绑定到这些 place，这样操作系统就无法将线程迁移到不同的 place。

为了管理线程亲和力，我们需要了解如何引用系统中的硬件资源。OpenMP 线程是由操作系统代表我们的程序进行管理的。操作系统把一个 NUMA 服务器节点看作是一个逻辑 CPU 的集合，也就是说，每个硬件线程对操作系统来说就是一个逻辑 CPU。如果我们要管理线程的亲和力，就需要通过给特定的硬件线程分配编号来识别它们。

有一些工具可以帮助我们了解节点中的 place。Linux 工具 numactl 用于控制进程和共享内存的 NUMA 策略。要查找节点上处理器的 NUMA 特性信息，可以使用以下命令：

```
$ numactl -H
```

图 12-2 显示了图 12-1 中服务器节点上"numactl -H"的输出。它报告说，每个服务器节点由 2 个"节点"组成，指的是两个 NUMA 域。这些节点从 0 到 1 被编号。NUMA 节点 0 的逻辑 CPU 为 0-15 和 32-47。NUMA 节点 1 的逻辑 CPU 为 16-31 和 48-63。该工具还报告了每个 NUMA 域上的总内存和可用内存大小，以及每个 NUMA 域上的 CPU 访问两个 NUMA 域内存的相对距离。很明显，NUMA 域 0 到 0 的内存距离比 NUMA 域 0 到 1 的内存距离更近。请注意，10 和 21 的数值是相对数，它们不一定意味着距离的比例正好是 21 比 10。

```
1   % numactl –H
2   available: 2 nodes (0–1)
3   node 0 cpus: 0 1 2 3 4 5 6 7 8 9 10 11 12 13 14 15 32 33 34 35 36
4   37 38 39 40 41 42 43 44 45 46 47
5   node 0 size: 64430 MB
6   node 0 free: 63002 MB
7   node 1 cpus: 16 17 18 19 20 21 22 23 24 25 26 27 28 29 30 31 48
8   49 50 51 52 53 54 55 56 57 58 59 60 61 62 63
9   node 1 size: 64635 MB
10  node 1 free: 63395 MB
11  node distances:node    0    1
12  0:  10  21
13  1:  21  10
```

图 12-2　在 Intel Xeon CPU E5-2698 v3(Haswell)2.3 GHz 服务器节点上执行"numactl -H"命令的结果

在使用 NUMA 系统时，经常使用的第二个工具是来自 Open MPI 项目的便携式硬件定位（hwloc）工具。该工具提供了有关系统拓扑结构（即集群中不同节点的连接方式）、系统中 NUMA 节点的特征、缓存信息以及处理器到节点的映射等信息。相关命令是：

```
$ hwloc-ls
```

该命令提供了 hwloc 输出的文本表示。可以使用以下命令：

```
$ lstopo
```

来查看 hwloc 工具数据的图形表示。在图 12-3 中展示了我们一直在讨论的服务器节点的

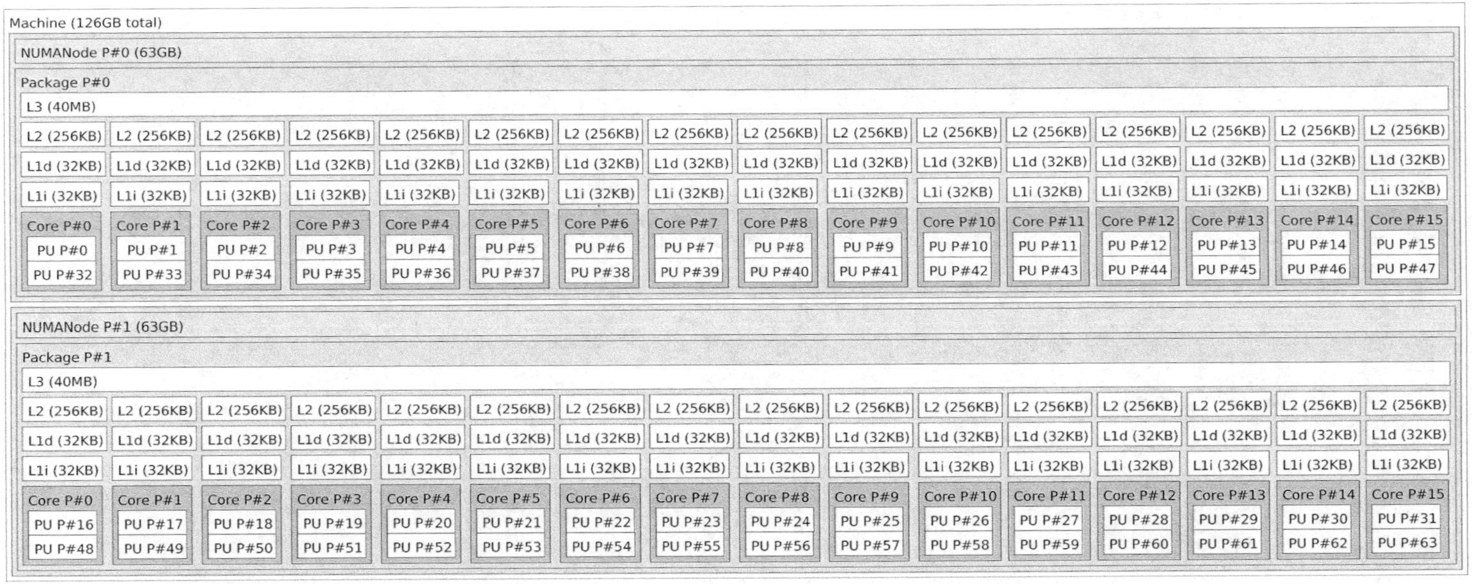

Machine (126GB total)

NUMANode P#0 (63GB)

Package P#0

L3 (40MB)

NUMANode P#1 (63GB)

Package P#1

L3 (40MB)

图 12-3　通过使用命令 "lstopo" 获得一个配置有 32 核 Intel Xeon E5-2698 v3 2.3GHz 的 CPU 的计算节点的图形示意，它显示出每个节点有 2 个插槽（每个插槽有 1 个 NUMA 域）。每个 NUMA 域有 16 个物理核心，每个核心有 2 个硬件线程。每个核心一对统一的 L2 缓存和一对 L1 缓存（32 KB 指令缓存和 32 KB 数据缓存）。每个插槽一个 40 MB 的共享 L3 缓存

数据（图12-1）。图像显示，每个节点有2个NUMA域（每个插槽有1个NUMA域）。每个NUMA域有16个物理核心，每个核心有2个硬件线程。每个核心有一个L2缓存（256 KB）和两个L1缓存（32 KB指令缓存和32 KB数据缓存）。每个插槽有一个40 MB的共享L3缓存。

本图中的核心编号方案代表了CPU的逻辑编号。例如，NUMA域0有16个核心：物理核心0到15。这个特殊的处理器每个核心支持2个硬件线程，使我们有32个逻辑核心。数字如何映射到核心上是依赖于实现的，因此我们需要工具来发现这种映射。对于我们一直在使用的服务器节点（图12-1），数字被成功地分配到每个物理核心，然后环绕链接起来。因此逻辑CPU 0和32在物理核心0上，逻辑CPU 1和33在物理核心1上，以此类推。NUMA域1也采用同样的方案，它也有16个核心：物理核心16到31。逻辑CPU 16和48在物理核心16上，逻辑CPU 17和49在物理核心17上，以此类推。我们在图12-4中显示了逻辑CPU的全部编号。正如我们在本章后面所看到的，这些逻辑CPU的编号信息对于管理线程亲和力将是至关重要的。

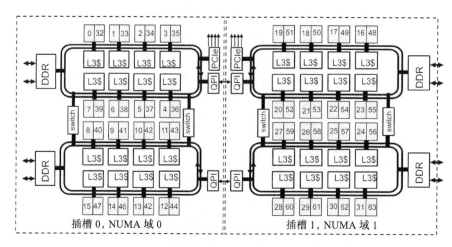

图12-4　一个典型的NUMA服务器节点的逻辑CPU编号。一台装有两个16核
　　　　Intel®Xeon™ E5-2698 v3 CPU的服务器，显示了操作系统如何将逻辑CPU编号映
　　　　射到硬件线程上

12.1.1.1　控制线程亲和力

在OpenMP中，可以通过两个密切相关的概念来控制线程的亲和力：place和处理器绑定（processor-binding）。我们已经解释过place的概念，一个place是一个硬件资源，线程可以在其上执行。例子包括一个插槽，一个核心，或者一个硬件线程。处理器绑定是一种策略，它描述了线程如何被（或不被）映射到place上，以及它们是否被允许在程序执行过程中迁移。

　　我们先来解释一下 place 在 OpenMP 中是如何工作的。主要通过一个环境变量 OMP_PLACES 来连通一组 place。可以通过给 OMP_PLACES 分配逻辑 CPU ID 列表来明确定义 place。例如，可以用特定的 ID 定义四组 place：

```
export OMP_PLACES="{0,1,2,3},{4,5,6,7},{8,9,10,11},{12,13,14,15}"
```

列出每一个 ID 可能会很冗长。可以使用以下格式指定范围：

```
{lower-bound:length:stride}
```

默认 stride 为 1。使用这种方法，我们可以定义与上面相同的 place 集，并使用如下符号：

```
export OMP_PLACES="{0:4},{4:4},{8:4},{12:4}"
```

为了理解 1 以外的步长，我们再考虑一个例子。我们可以将位置列表 {0,2,4} 表示为 {0:3:2}。

　　我们通常不推荐使用显式列表。相反，可以定义一个 place 的类别，让 OpenMP 运行时在进行处理器绑定时进行实际的分配。在这些情况下，可以将环境变量 OMP_PLACES 设置为以下其中的一个值：

❑ **threads**：以硬件线程的粒度绑定 OpenMP 线程。

❑ **cores**：以核心的粒度绑定 OpenMP 线程。

❑ **sockets**：以插槽的粒度绑定 OpenMP 线程。

　　为了理解上述 OMP_PLACES 值是如何影响线程的放置的，我们必须解释处理器绑定。可以通过一个环境变量 OMP_PROC_BIND 来控制处理器绑定。这个环境变量的值可以设置亲和力策略，并定义线程应该如何被调度到 place 上。

❑ **true**：使用定义的默认 place 列表实现以启用线程亲和力。

❑ **false**：线程亲和力被禁用。

❑ **master**：组中的每个线程都被分配到与组内主线程相同的 place。

❑ **close**：组中的线程被放置在靠近主线程的 place。线程以循环方式从主线程右边的位置开始被分配到连续的 place。

❑ **export OMP_PROC_BIND=spread**：将线程尽可能均匀地分布在各个 place 上。

　　一旦设置了策略并确定了线程绑定，线程就不允许迁移到被分配的 place 之外。我们展示一些例子以帮助搞清楚线程亲和力在 OpenMP 中是如何工作的。在图 12-5 中，我们展示了线程是如何与 CPU 绑定的，使用的 CPU 有 4 个核心，每个核心有 2 个硬件线程，并且 OMP_NUM_THREADS 被设置为 4。

　　通过环境变量控制线程亲和力会影响整个程序。可以在并行构造上使用 proc_bind 子句覆盖这些对 "整个程序" 的控制。该子句采用与 OMP_PROC_BIND 环境变量相同的 master、spread 或 close 值。下面是一个例子，说明如何在 parallel 构造上同时使用 proc_bind 和 num_threads 子句来管理线程亲和力。

Close：将线程尽可能紧密地绑定在一起

节点	核心 0		核心 1		核心 2		核心 3	
	HT1	HT2	HT1	HT2	HT1	HT2	HT1	HT2
线程	0	1	2	3				

Spread：将线程尽可能地分开

节点	核心 0		核心 1		核心 2		核心 3	
	HT1	HT2	HT1	HT2	HT1	HT2	HT1	HT2
线程	0		1		2		3	

图 12-5　将 4 个 OpenMP 线程绑定到 CPU 上。CPU 有 4 个核心，每个核心有 2 个硬件线程。当 OMP_PROC_BIND 被设置为"close"时，4 个线程绑定到前 2 个物理核心，每个核心使用两个硬件线程。当 OMP_PROC_BIND 被设置为"spread"时，4 个线程绑定到所有 4 个物理核心，每个核心只使用 1 个硬件线程

```
C/C++：
    #pragma omp parallel num_threads(2) proc_bind(spread)

Fortran：
    !$omp parallel num_threads(2) proc_bind(spread)
        ...
    !$omp end parallel
```

12.1.1.2　管理数据局部性

我们已经解决了 NUMA 的部分问题：我们知道了如何控制 OpenMP 线程在 NUMA 系统中的执行位置。为了完成对 NUMA 编程的叙述，我们需要了解数据如何映射到这些相同的硬件资源上，这就是数据局部性（data locality）问题。

一般的想法是尽量将数据保持在对该数据进行处理的地方。数据局部性由两部分组成：缓存局部性和内存局部性。我们之前已经讨论过缓存局部性。任何时候，当把数据带入缓存时，都需要局部化计算，使它们重用缓存中的数据。

我们对 NUMA 讨论的新概念是内存局部性。

内存局部性是指数据驻留在 DRAM 块中的程度，该块与处理该数据的处理器非常接近。为了描述内存局部性是如何工作的，我们需要解释一些计算机中关于内存组织的概念。

现代服务器中配备的 CPU 使用 48 位地址。原则上，可以用 48 位地址引用超过 268 TB 的内存，这甚至远远超过了现有最大的 DRAM 存储器。因此，计算机系统定义了一个围绕称为页的连续内存块组织的虚拟内存系统。页的大小从 4 KB（常见的默认大小）到 MB 级，

甚至在极少数情况下，可以达到 GB 级大小。选择正确的页的大小是很复杂的，而且所提出的问题远远超出了本书讨论的范围。要记住的一点是，页很容易装入 DRAM 中，并在 DRAM 和二级存储系统（旋转磁盘或 SSD 固态存储设备）之间交换，因此操作系统寻址的内存超过了 DRAM 的总大小。

当在内存中处理数据时，是在组织成页的内存块中工作。一个页被切换到活动使用状态，并被分配到物理内存中（即 DRAM 中）的一系列物理地址上。有许多策略可以控制页与其位置之间的这种关联。最常见的策略，也是大多数 Linux 系统的默认策略，被称为首次接触（first touch）。使用我们在本章建立的术语，首次接触策略是指，内存页与最靠近首次访问内存的线程的内存控制器相关联。换句话说，当一个线程第一次接触内存中的某个位置时，存放该位置的页会被移动到距离该线程最近的物理内存中。

对于程序员来说，使用首次接触策略与系统进行工作的方式是比较直接的。当初始化数据时，首次接触数据。换句话说，决定页位置的不是内存块的分配（例如使用 malloc() 函数），关键是如何首次初始化该数据。因此，为了确保虚拟内存系统中的页位于物理内存（即 DRAM）中需要它们的位置，必须用之后将使用该数据的相同线程初始化数据。

为了探索这些问题，我们将使用 STREAM 基准[10] 中的 triad 内核。这使用了一个简单的操作，其中一个向量被一个值缩放，结果加到另一个向量上：

```
for (j = 0; j < VectorSize; j++) a[j] = b[j] + d * c[j];
```

与从内存中移动数据所需的时间相比，浮点运算（一加一乘）所需的时间非常少。性能受到内存带宽的限制，这是 STREAM 基准设计所要展现的。我们将以下两种方式之一初始化数据后运行该基准。在第一种方式下，数据首先由初始线程接触，然后 parallel 构造创建将与数据一起工作的线程组。这就是图 12-6 中的步骤 1.a。在第二种方式（图 12-6 中的步骤 1.b）中，我们用相同的线程组和相同的循环迭代调度来初始化数据，这也是我们之后将用于 triad 操作的线程。这保证了我们用首次接触策略令数据接近将使用它的线程。注意，我们必须禁用动态模式，以确保系统在并行区域之间使用相同的线程。我们还需要在循环上使用 static 调度，因为 OpenMP 保证，如果并行区域之间的线程组大小相同，循环调度是静态的，那么循环迭代和线程之间的映射将是相同的。

图 12-7 显示了在图 12-1 和图 12-3 所述的服务器节点上运行 STREAM triad 基准的有 / 无首次接触策略的结果（两个 NUMA 域，每个 NUMA 域使用一个 Intel Xeon E5-2698 v3 CPU，16 个核心和两个硬件线程，每个 NUMA 域共 32 个逻辑核心）。STREAM 基准的规则规定，用于基准测试的数组大小必须至少为 100 万字节或为最后一级共享缓存大小的 4 倍（以其中较大者为准）。在这些实验中，处理器有一个共享的 40 MB L3 缓存，因此我们使用的 64 000 000 的数组大小（即 VectorSize），超过了基准所要求的限制。

```
1    //Step 1.a Initialization by initial thread only
2        for (j = 0; j < VectorSize; j++) {
3            a[j] = 1.0; b[j] = 2.0; c[j] = 0.0;}
4
5    //Step 1.b Initialization by all threads (first touch)
6        omp_set_dynamic(0);
7        #pragma omp parallel for schedule(static)
8        for (j = 0; j < VectorSize; j++) {
9            a[j] = 1.0; b[j] = 2.0; c[j] = 0.0;}
10
11   //Step 2 Compute
12       #pragma omp parallel for schedule(static)
13       for (j = 0; j < VectorSize; j++) {
14           a[j] = b[j] + d * c[j];}
```

图 12-6 有和没有首次接触的 STREAM 初始化。没有首次接触：步骤 1.a + 步骤 2；有首次接触：步骤 1.b+ 步骤 2

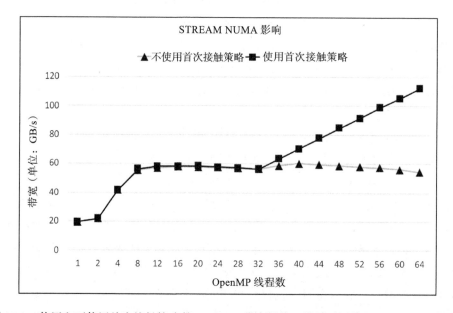

图 12-7 使用和不使用首次接触策略的 STREAM 带宽性能。结果显示的是图 12-1 中的节点，其中每个节点有 32 个核心、2 个 NUMA 域，每个 NUMA 域有 16 个核心，每个核心有 2 个硬件线程。使用图 12-6 中的代码，运行 STREAM triad，分不使用首次接触（步骤 1.a+ 步骤 2）和使用首次接触（步骤 1.b+ 步骤 2）两种情况。我们在这两种情况下都使用了 OMP_PLACES=threads 和 OMP_PROC_BIND=close。当线程数超过 32 个（单个 NUMA 域的逻辑核数）时，首次接触实现 STREAM 带宽性能继续提高

当线程数小于或等于一个 NUMA 域的逻辑核心数时（本例为 32 个），在 OMP_PROC_BIND=close 及 OMP_PLACES=threads 的情况下，所有的线程都会绑定到第一个 NUMA 域，首次接触和不接触策略的 STREAM 带宽是一样的。但当线程数大于 32 时，将使用第二个 NUMA 域的核心。由于每个线程的内存访问仍然会进入本地 NUMA 域，所以首次接触策略下的结果显示 STREAM 带宽性能继续提高。然而，如果没有首次接触策略，带宽就会饱

和，因为线程被迫跨越 NUMA 域之间的边界，访问映射到非本地物理内存范围的页。

在图 12-8 中，我们用图 12-6 中的代码再次在图 12-1 和图 12-3 中描述的基于 Intel Xeon CPU 的服务器节点上，检验 OMP_PROC_BIND 对 STREAM 基准的影响。我们在所有情况下都设置 OMP_PLACES=threads。在从 2 到 63 个线程数的任意情况下，OMP_PROC_BIND=spread 时的 STREAM 带宽性能都优于 OMP_PROC_BIND=close 时的性能。当线程数或逻辑 CPU 数等于 1 或 64 时，两种情况下没有区别，性能（据我们观察）应该是一样的。

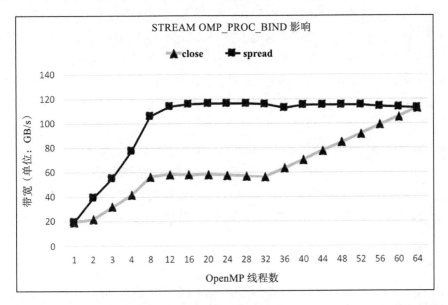

图 12-8　在 OMP_PROC_BIND 设置为 close 和 spread 的情况下，STREAM 的带宽性能。结果显示的是图 12-1 中的节点，其中每个节点有 32 个核心，2 个 NUMA 域，每个 NUMA 域有 16 个核心，每个核心有 2 个硬件线程。我们使用首次接触和 OMP_PLACES=threads 进行 OMP_PROC_BIND 两种设置。当线程数为 2 到 63 时，使用 OMP_PROC_BIND=spread 的 STREAM 带宽性能优于使用 OMP_PROC_BIND=close 的性能。当线程数为 1 和 64 时，两种设置的性能相同

我们考虑两种情况：（1）OpenMP 线程数为 32 或更少；（2）OpenMP 线程数大于 32。在这种情况下，32 是个特殊的数字，因为这是这个服务器节点在 NUMA 域中的硬件线程（即逻辑 CPU）数量。

对于第一种情况，即当 OpenMP 线程数小于等于 32 时，当 OMP_PROC_BIND=close 且 OMP_PLACES=threads 时，OpenMP 线程会被添加到相邻的硬件线程中。换句话说，一个核心上的硬件线程在进入下一个核心之前被使用。OpenMP 线程仍然在一个 NUMA 域中，一旦该 NUMA 域中的两个内存控制器都参与进来，带宽就会饱和，直到超过 32 个 OpenMP 线程才会有所改善。对于 OMP_PROC_BIND=spread，线程只绑定到任一核心上

的第一个硬件线程。这就把 OpenMP 线程分散在各个核心之间。我们看到从 4 个 OpenMP 线程到 8 个 OpenMP 线程有很大的跳跃，因为此时我们利用了 NUMA 域的第二个内存控制器。从 16 个 OpenMP 线程到 31 个 OpenMP 线程的 `OMP_PROC_BIND=spread`，线程被添加到第二个 NUMA 域中。这意味着它们正在访问第二个 NUMA 域中的额外内存控制器，与 `OMP_PROC_BIND=close` 的情况相比，我们看到带宽大约增加了一倍。

当线程数大于 32 时，在 `OMP_PROC_BIND=close` 的情况下，线程继续每次增加一个硬件线程，但现在它们移动到第二个 NUMA 域，并受益于该插槽上的一对内存控制器。从图 12-8 中可以看出，STREAM 带宽性能稳步提高，在 64 个 OpenMP 线程时，与 `OMP_PROC_BIND=spread` 时的性能相匹配，因为在这一点上，两种情况是相同的。对于 `OMP_PROC_BIND=spread` 的情况，超过 32 个线程后，性能并没有改善，因为这时，两个 NUMA 域的所有内存控制器都已经完全参与。随着线程的增加，没有额外的带宽可以增加，因为带宽已经饱和了。

选择正确的首次接触、处理器绑定和添加线程粒度的组合，是具有挑战性的。将线程分散开来有助于利用可用的内存带宽。然而，这可能会增加相距较远的线程之间的同步开销。将线程放在彼此附近可以降低同步开销，并提高缓存重用，但代价是降低内存带宽。为了找到最佳策略，需要实验和尝试不同的选项，直到找到最佳组合。

12.1.2　嵌套并行构造

还可以通过使用嵌套并行构造来影响 NUMA 系统中的线程分布。在图 12-9 中，我们提供了一个包含嵌套并行区域的 OpenMP 程序的例子。在这个例子中，有 3 层嵌套的 OpenMP 并行区域，每层有 2 个线程。`num_threads` 子句用于指定每个并行区域所需的线程数。

我们以两种不同的方式运行图 12-9 中的嵌套并行程序，结果如图 12-10 所示。对于我们的第一次运行，第一个并行区域创建了两个线程，但所有的嵌套并行区域运行时只有一个线程。在我们运行这些测试的系统上，OpenMP 的嵌套并行被禁用。OpenMP 规范让系统决定是否默认启用嵌套并行。为了运行我们的嵌套并行程序并成功创建嵌套的线程组，我们必须告诉系统启用嵌套并行。另外，建议（虽然不一定需要）考虑算法的需求，也要指定嵌套的层数。因此，对于嵌套并行程序的第二次运行，我们设置以下一对环境变量：`OMP_NESTED`⊖ 和 `OMP_MAX_ACTIVE_LEVELS`。

```
export OMP_NESTED=true
export OMP_MAX_ACTIVE_LEVELS=3
```

⊖ 注意 `OMP_NESTED` 在 OpenMP 5.0 中已经被废弃。当指定 `OMP_MAX_ACTIVE_LEVELS` 的值大于 1，或者设置 `OMP_NUM_THREADS` 或 `OMP_PROC_BIND` 指示嵌套并行时，嵌套模式会自动启用。

```
1   #include <omp.h>
2   #include <stdio.h>
3   void report_num_threads(int level)
4   {
5       #pragma omp single
6       {
7           printf("Level %d: number of threads in the team: %d\n", \
8                   level, omp_get_num_threads());
9       }
10  }
11  int main()
12  {
13      omp_set_dynamic(0);
14      #pragma omp parallel num_threads(2)
15      {
16          report_num_threads(1);
17          #pragma omp parallel num_threads(2)
18          {
19              report_num_threads(2);
20              #pragma omp parallel num_threads(2)
21              {
22                  report_num_threads(3);
23              }
24          }
25      }
26      return(0);
27  }
```

图 12-9　嵌套 OpenMP 并行构造。有 3 个级别的嵌套 OpenMP 并行区域，每个级别有 2 个
　　　　线程，num_threads 子句用于指定每个并行区域所需的线程数

现在我们在图 12-10 的第二部分中看到了想要的结果。我们在第一层中创建两个线程，这
些线程中的每一个线程都会在第二层中创建两个线程，然后第二层的每个线程都会在第三
层中创建两个线程。

```
1   % ./nested-omp
2   Level 1: number of threads in the team: 2
3   Level 2: number of threads in the team: 1
4   Level 3: number of threads in the team: 1
5   Level 2: number of threads in the team: 1
6   Level 3: number of threads in the team: 1
7
8   % export OMP_NESTED=true
9   % export OMP_MAX_ACTIVE_LEVELS=3
10  % ./nested-omp
11  Level 1: number of threads in the team: 2
12  Level 2: number of threads in the team: 2
13  Level 2: number of threads in the team: 2
14  Level 3: number of threads in the team: 2
15  Level 3: number of threads in the team: 2
16  Level 3: number of threads in the team: 2
17  Level 3: number of threads in the team: 2
```

图 12-10　嵌套并行程序的结果。我们展示了图 12-9 中程序的两种不同运行情况。在第一
　　　　　种情况下，使用嵌套并行的默认设置，系统不会创建嵌套并行区域。对于第二种
　　　　　运行，我们将 OMP_NESTED 设置为 true，OMP_MAX_ACTIVE_LEVELS 设置为 3，
　　　　　我们观察到嵌套并行区域的预期执行情况

OMP_NUM_THREADS、OMP_PLACES 和 OMP_PROC_BIND 环境变量被扩展为支持嵌

套。`OMP_NUM_THREADS` 可以被设置为一个连续嵌套级别的值列表。例如：

```
export OMP_NUM_THREADS=8,4,2
```

线程数的内部控制变量（nthreads-var）被设置为列表中的第一个数字（本例中为 8）。在令 nthreads-var 等于该值时创建并行区域，并被重置为列表中的下一个值（本例中为 4）。在创建下一个并行区域后，nthreads-var 被设置为列表中的下一个值（本例中为 2）。这种情况一直持续到列表中的值用完为止，这时 nthreads-var ICV 仍然被设置为列表中的最后一项。

同样，我们可以将 `OMP_PROC_BIND` 和 `OMP_PLACES` 环境变量设置为逗号分隔的列表，并使用相同的程序将项目分配到不同层级。

图 12-11 说明了 OpenMP 中嵌套并行的线程亲和力。假设我们的 NUMA 系统有 2 个插槽（即两个 CPU），每个插槽有 4 个核心，每个核心有 4 个硬件线程。我们还假设运行的是一个具有两级嵌套的应用程序，并且并行区域从环境变量中获取它们的线程亲和力和线程数（即代码没有用子句覆盖相关的内部控制变量）。考虑以下环境变量的设置：

```
export OMP_PLACES=sockets,threads
export OMP_NUM_THREADS=2,4
export OMP_PROC_BIND=spread,close
```

当程序开始时，有一个初始线程运行在核心 0 的第一个硬件线程上。我们遇到一个并行区域，并使用 `OMP_NUM_THREADS` 和 `OMP_PROC_BIND` 的第一个值（2 和 `spread`）。我们创建两个线程，每个插槽上一个。注意，线程可以运行在任何核心和定义 place 的任何硬件线程上，本例中是 `socket`，意味着它们可以运行在各自插槽的任何核心上。在创建第一个并行区域后，内部控制变量会进入列表中的下一个值。4 代表线程数，`close` 代表处理器

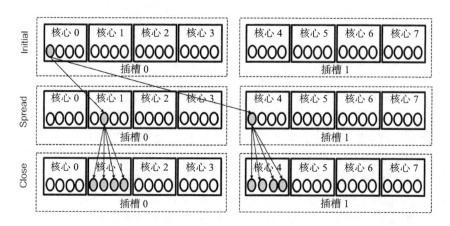

图 12-11 嵌套并行区域的亲和力。在一个有 2 个插槽、每个插槽有 4 个核心、每个核心有 4 个硬件线程的系统上，线程绑定逻辑 CPU 的说明。`OMP_PLACES=sockets,threads`，`OMP_NUM_THREADS=2,4` 和 `OMP_PROC_BIND=spread,close`。注意，在中间层（spread），线程可以在其插槽内的任何地方迁移

绑定。当每个线程遇到嵌套的并行区域时，它们会在同一个核心上创建 4 个线程。

与处理器和数据的亲和力一样，很难用简单的规则来说明在 OpenMP 中利用嵌套并行区域的最佳方式。通常情况下，最好使用 OMP_PROC_BIND=spread,close，在更高层次上展开，但让最内部的并行区域靠近，以更好地利用缓存局部性。

12.1.3　检查线程亲和力

在使用 NUMA 系统时，经常需要验证线程是否按照期望进行分配。有许多依赖于系统的方法来访问这些信息。例如，在 Intel 编译器中，可以通过设置环境变量 KMP_AFFINITY=verbose 来打印线程亲和力的详细信息。在 Cray 编译器中，可以通过 CRAY_OMP_CHECK_AFFINITY=TRUE 来实现类似的结果。然而，这样的方法是不可移植的，而且与 OpenMP 注重跨平台移植性的特点不符。

针对这个问题，我们在 OpenMP 5.0 中增加了显示线程亲和力的功能。这是通过一对环境变量来实现的：

❑ OMP_DISPLAY_AFFINITY：设置为 TRUE 或 FALSE。将此设置为 true，将使系统在进入第一个并行区域时，以及在随后的并行区域中任何线程亲和力信息发生变化时，显示所有 OpenMP 线程亲和力的信息。

❑ OMP_AFFINITY_FORMAT：设置为一个字符串，定义输出的亲和力值以及显示这些值时使用的格式。

与 OMP_AFFINITY_FORMAT 一起使用的字符串包括选择的任何子字符串，加上定义要输出哪些线程信息的输出字段。一个字段的形式是：

%[[[0].]size]type

其中 size 定义了输出字段的字符数，type 表示要输出的信息。此处表示值要右对齐（默认是左对齐），0 表示要包含前导零。表 12-1 中定义了可用类型的部分列表（省略了那些我们没有讨论过的概念）。请注意，每一种类型都可以用两种不同的方式来定义：使用单字母 / 短名称或更长、更有描述性的长名称。当使用长名称时，放在大括号内。

表 12-1　用于 OMP_DISPLAY_FORMAT 的类型

长名称	短名称	含义
nesting_level	L	嵌套的并行区域层次结构中的级别
thread_num	n	线程在其组中的 ID
num_threads	N	一个组中线程的数量
ancestor_tnum	a	线程的父线程 ID
host	H	运行 OpenMP 程序的主机名
thread_affinity	A	线程可以运行的逻辑 CPU 的整数列表

对于如何使用 `OMP_DISPLAY_AFFINITY` 的具体例子，我们将在服务器节点上运行 STREAM 基准测试程序，其逻辑 CPU 编号从图 12-4 中选取。在图 12-12 中，我们展示了如何构建和运行这个基准测试程序的所有细节。环境变量尤为重要：

❑ OMP_DISPLAY_AFFINITY：设置为 true，这样系统就会打印线程的信息。

❑ OMP_AFFINITY_FORMAT：使用我们希望显示的信息类型的短名称格式字符串。

❑ OMP_PLACES：OpenMP 线程运行的 place 的绑定单位。在这种情况下，它被设置为表示绑定应该发生在硬件线程的哪个级别上。

❑ OMP_NUM_THREADS：在并行区域上使用的默认线程数。

❑ OMP_PROC_BIND：设置第一次运行时为 `spread`，第二次运行时为 `close`。

```
1    $ icc -qopenmp -DNTIMES=20 -DSTREAM_ARRAY_SIZE=64000000 -c stream.c
2    $ icc -qopenmp -o stream stream.o
3    $ export OMP_DISPLAY_AFFINITY=true
4    $ export OMP_AFFINITY_FORMAT="Thrd Lev=%3L, thrd_num=%5n, thrd_aff=%15A"
5    $ export OMP_PLACES=threads
6    $ export OMP_NUM_THREADS=8
7    $ export OMP_PROC_BIND=spread
8
9    $ ./stream | sort -k3
10   <stream results omitted ...>
11   Thrd Lev=1  , thrd_num=0    , thrd_aff=0
12   Thrd Lev=1  , thrd_num=1    , thrd_aff=8
13   Thrd Lev=1  , thrd_num=2    , thrd_aff=16
14   Thrd Lev=1  , thrd_num=3    , thrd_aff=24
15   Thrd Lev=1  , thrd_num=4    , thrd_aff=1
16   Thrd Lev=1  , thrd_num=5    , thrd_aff=9
17   Thrd Lev=1  , thrd_num=6    , thrd_aff=17
18   Thrd Lev=1  , thrd_num=7    , thrd_aff=25
19
20   $ export OMP_PROC_BIND=close
21   $ ./stream |sort -k3
22   <stream results omitted ...>
23   Thrd Lev=1  , thrd_num=0    , thread_aff=0
24   Thrd Lev=1  , thrd_num=1    , thread_aff=32
25   Thrd Lev=1  , thrd_num=2    , thread_aff=2
26   Thrd Lev=1  , thrd_num=3    , thread_aff=34
27   Thrd Lev=1  , thrd_num=4    , thread_aff=4
28   Thrd Lev=1  , thrd_num=5    , thread_aff=36
29   Thrd Lev=1  , thrd_num=6    , thread_aff=6
30   Thrd Lev=1  , thrd_num=7    , thread_af=38
```

图 12-12　亲和力格式示例。我们设置了线程亲和力格式字符串，然后在服务器节点上运行图 12-4 中的逻辑 CPU 编号的 STREAM 基准。我们展示了 STREAM 基准的两种不同执行方式：一种是将 `OMP_PROC_BIND` 设置为 `spread`，另一种是将 `OMP_PROC_BIND` 设置为 `close`

我们运行基准测试程序（`./stream`），并按线程序号（第三个字段，我们通过 `sort-k3` 管道选择）过滤输出。仔细观察图 12-4，看线程是如何调度到节点上的。对于第一种情况（`spread`），当添加线程时，它们从最初的核心到同一插槽的另一个核心，然后到另一个插槽上的核心，再到该插槽上的核心，然后回到第一个插槽。这种情况一直持续到所有的线程都分配完毕。它们分布在核心之间和不同的插槽上。对于第二种情况（close），线程遵循不同的模式。我们先给起始核心上的硬件线程添加一个线程，然后到同一插槽的另一个核上分配下一个线程，之后再给同一插槽的下一个硬件线程分配一个线程。这样继续下去，在每个核心上填充硬件线程，然后再去下一个核心，在这种情况下，所有的线程都保持在一个插槽上。

12.1.4　小结：线程亲和力和数据局部性

我们生活在一个 NUMA 的世界里。随着我们服务器中节点复杂性的增加，直接应对系统 NUMA 特性的需求变得越来越重要。这意味着需要了解线程亲和力相对于系统的具体特征，然后以最大化局部性的方式使用数据。

针对系统的 NUMA 特性，优化软件并不简单。它几乎也是通过设计，深入研究特定系统的具体细节来实现。需要投入时间，利用"numactl -H"等工具了解节点体系结构。用简单的例子和所掌握的工具来探索系统，了解期望在实际应用中使用的系统设置。

一般的建议是每个 NUMA 域至少有一个进程（例如，单个 MPI rank 或 OS 进程）。让 OpenMP 线程对应一个 NUMA 域内的并行，将所需数据保持在同一个 NUMA 域内。这就减少了跨 NUMA 域边界时，正确初始化首次接触的任何错误的影响。另一个建议是将线程相隔很远（spread）以利用聚集的内存带宽，然后将最里面 close 的工作在嵌套的并行区域内分叉，以最大化缓存局部性。

关于如何利用系统的 NUMA 特性，我们可以讨论的还有很多。有额外的 OpenMP 运行时环境变量用于管理嵌套的并行区域，包括：

- OMP_THREAD_LIMIT
- OMP_NESTED
- OMP_MAX_ACTIVE_LEVELS

还有一些运行时库函数用于支持线程亲和力，如 omp_get_num_places、omp_get_place_proc_ids 等。OpenMP 5.0 增加了对显式任务的亲和力支持。要了解更多关于 OpenMP 亲和力的信息，请参考 *Using OpenMP—The Next Step* 一书 [13]。

12.2　SIMD

现代 CPU 包括向量单元。单条向量指令流在专用的向量寄存器上操作，这些寄存器可以容纳多个值，我们称之为单指令多数据或 SIMD 执行模型。向量指令获取和解码一条指令，然后应用于许多数据元素。从根本上说它们比标量运算更节能，标量运算为每一组操作数解码一条指令。随着计算的重点从"原始性能"转向"每瓦特性能",向量指令的能效使其成为现代微处理器的关键设计元素。

向量单元的特点是向量寄存器的宽度。最初的 CPU 向量单元(1994 年发布的 MMX 指令)只有 64 位宽。随着时间的推移,宽度不断增加,有 128 位(1999 年的 Streaming SIMD Extensions 或"SSE")、256 位(2011 年的 AVX)和 512 位(2013 年的 AVX-512)。只要软件能够适应和使用这些宽向量单元,宽度还可以进一步提升。

为了了解如何利用这些向量单元,我们把一个串行循环转化为使用向量指令的循环。我们使用在第 4 章中用来探索线程基本并行性的程序:数值积分 Pi 程序(图 4-5),并在图 12-13 中再次展示一个更简洁的版本。我们使用一个更老、更直接的向量指令集:SSE 4.2 指令。SSE 4.2 架构用 128 位宽的向量寄存器扩展了基本的 x86 架构。这些指令可以容纳宽度加起来达到 128 位的多个变量。图 4-5 中的程序版本可以使用宽度为 32 位的浮点数。我们可以在一个 SSE 4.2 向量寄存器中容纳下 4 个 32 位的数字。

```
1    static long num_steps = 100000000;
2    float step;
3    int main()
4    {
5        int i;
6        float x, pi, sum = 0.0;
7
8        step = 1.0f / (double) num_steps;
9
10       for (i = 0;i < num_steps; i++) {
11           x = (i + 0.5f) * step;
12           sum += 4.0f / (1.0f + x * x);
13       }
14
15       pi = step * sum;
16   }
```

图 12-13   串行 Pi 程序。这个程序使用中点规则来逼近定积分,除了将累计和加入 sum 之外,循环迭代是独立的。请注意,我们必须明确地将所有常量表示为单精度浮点数,以防止内部操作使用双精度

向量化程序的基本思想是找到可以转换的循环,使循环体与向量指令一起执行。在例子中,我们将四个浮点数打包到一个向量寄存器中,所以向量化循环的每次迭代都要从标量循环中进行四次迭代,这就是所谓的展开循环。我们在图 12-14 中展示了每四个元素的循环展开。为了简化问题,我们假设循环的迭代次数(num_steps)可以被 4 整除。这样,在完成展开循环后就不会有任何剩余的迭代要处理。

循环的增量被改变了,所以每次通过循环的时候要处理 4 次迭代:

```
for (i = 1; i <= num_steps; i = i + 4)
```

循环体被修改为处理四次迭代。我们不是为 x 设置一个单一的值,而是设置四个递增的值,以覆盖四个迭代的值,即 x0、x1、x2 和 x3。然后我们计算每个 x 值的积分,并将

它们相加：

```
sum = sum + 4.0f * ( 1.0f/(1.0f+x0*x0) + 1.0f/(1.0f+x1*x1)
                   + 1.0f/(1.0f+x2*x2) + 1.0f/(1.0f+x3*x3) );
```

```
1    static long num_steps = 100000000;
2    float step;
3    int main ()
4    {
5       int i;
6       float xo, x1, x2, x3, pi, sum = 0.0;
7
8       step = 1.0f / (double) num_steps;
9
10      for (i = 1; i <= num_steps; i = i+4) {
11         x0 = (i - 0.5f) * step;
12         x1 = (i + 0.5f) * step;
13         x2 = (i + 1.5f) * step;
14         x3 = (i + 2.5f) * step;
15         sum = sum + 4.0f * (1.0f/(1.0f+x0*x0) + 1.0f/(1.0f+x1*x1) \
16                 + 1.0f/(1.0f+x2*x2) + 1.0f/(1.0f+x3*x3));
17      }
18      pi = step * sum;
19      printf("pi = \%lf, \%ld steps\n ",pi, num_steps);
20   }
```

图 12-14　串行 Pi 程序的循环按每 4 个元素展开。用于估计 Pi 的数值积分。为了使程序更简
　　　　　单，我们假设步数可以被 4 整除

　　展开循环可以减少开销。在例子中，我们只经历了四分之一的循环次数。然而，我们现在并不太关注性能，展开循环的目的是为我们的程序显式添加向量指令做准备。

　　为了将循环展开版的程序转化为向量化程序，我们需要添加显式向量指令。我们可以在不切换到汇编代码的情况下，通过使用一组通用的向量内在函数（vector intrinsic）来实现这一点。使用内在函数编程的风格类似于汇编编码，即填充寄存器，并应用对这些寄存器的操作来产生其他寄存器中的值。然而，对于向量内在函数，我们是通过固定的 C 函数 API 来实现的。特别是，我们将使用定义在 **x86intrin.h**[4] 中的 SSE 通用向量内在函数。

　　对我们将使用的 **x86intrin.h** 中的指令的详细描述将远远超出本书讨论的范围。相反，我们将给出一个高层次的理解，足以遵循图 12-15 中向量化代码的基本思想。SSE 向量寄存器的宽度为 128 位。为了表示在每个寄存器中打包 4 个 32 位浮点数的情况，寄存器的类型是 _ _mm128。在第 12 行到第 19 行声明我们将在程序中使用的寄存器。用下面的语句将一组显式字面值（在本例中是一个从 0.5 到 3.5 的"ramp"）赋值给一个寄存器：

```
__m128 ramp = _mm_setr_ps(0.5, 1.5, 2.5, 3.5);
```

并用一个输入标量变量的值加载四个单精度浮点数的每一个数：

```
__m128 vstep = _mm_load1_ps(&step);
```

```
1
2    #include <x86intrin.h>
3    static long num_steps = 100000000;
4    float scalar_four = 4.0f; scalar_zero = 0.0f; scalar_one = 1.0f;
5    float step;
6    int main ()
7    {
8        int i;
9        float xo, x1, x2, x3, pi, sum = 0.0;
10       step = 1.0f/(double) num_steps;
11
12       __m128 ramp   = _mm_setr_ps(0.5, 1.5, 2.5, 3.5);
13       __m128 one    = _mm_load1_ps(&scalar_one);
14       __m128 four   = _mm_load1_ps(&scalar_four);
15       __m128 vstep  = _mm_load1_ps(&step);
16       __m128 sum    = _mm_load1_ps(&scalar_zero);
17       __m128 xvec;
18       __m128 denom;
19       __m128 eye;
20
21       for (i = 0; i < num_steps; i = i + 4){
22           ival   = (float) i;
23           eye    = _mm_load1_ps(&ival);
24           xvec   = _mm_mul_ps(_mm_add_ps(eye,ramp), vstep);
25           denom  = _mm_add_ps(_mm_mul_ps(xvec,xvec), one);
26           sum    = _mm_add_ps(_mm_div_ps(four,denom), sum);
27       }
28       _mm_store_ps(&vsum[0], sum);
29
30       pi = step * (vsum[0] + vsum[1] + vsum[2] + vsum[3]);
31   }
```

图 12-15　使用 SSE 向量内在函数的 Pi 程序。数值积分来估计 Pi。为了让程序更简单，我
　　　　　们假设步数可以被 4 整除

然后用向量指令替换展开循环的主体，这些指令在我们建立的向量寄存器上操作。这
个算法很简单，尽管如果不习惯用汇编代码编程，它可能看起来很混乱。基本上，我们将
指令链接在一起，使它们从初始向量寄存器经过中间值，并以赋值到目标寄存器结束。考
虑以下第 24 行的语句：

```
xvec = _mm_mul_ps(_mm_add_ps(eye,ramp), vstep);
```

我们将之前定义的"ramp"添加到循环控制索引（_mm_add_ps）中，然后将该结果流进
乘法运算（_mm_mul_ps），以产生 x 值的向量。如果看一下图 12-15 中的展开循环，能看到在
该向量操作结束时，我们已经将 x0、x1、x2 和 x3 的值打包到单个向量寄存器 xvec 中。我
们继续以同样的方式产生一个向量寄存器（denom），它包含了积分 $(1.0 + x^2)$ 中分母的四个值：

```
denom = _mm_add_ps(_mm_mul_ps(xvec, xvec), one);
```

我们通过将分母除以 4.0（使用 _mm_div_ps）来结束循环的主体，然后将结果求和到
sum 寄存器中：

```
sum = _mm_add_ps(_mm_div_ps(four, denom), sum);
```

当循环结束后，我们将向量寄存器中的值映射回一个常规数组中，并将这些元素相加
得到最终结果：

```
_mm_store_ps(&vsum[0], sum);
pi = step * (vsum[0] + vsum[1] + vsum[2] + vsum[3]);
```

由于我们的最终目标是将多线程编程和向量化的 SIMD 代码结合起来，因此还要再考虑一个版本的向量化程序。在图 12-16 中，我们展示了如何混合 OpenMP 和显式向量化代码。使用了我们学习的 SPMD 模式和循环级并行的混合技术。创建并行区域，然后声明向量寄存器的集合。然而，这一次，是为每个线程创建一组向量寄存器。然后使用 OpenMP 共享工作循环给每个线程提供不同的 SIMD 指令块。在第 40 行和第 41 行，提取打包到 sum 寄存器中的单精度浮点数并将它们组合起来以创建最终的 sum，在每个线程的基础上这样处理，并将结果放在一个由线程 ID 索引的数组中（与在图 4-6 中处理第一个 SPMD Pi 程序时一样）。

```
1    #include <omp.h>
2    #include <x86intrin.h>
3    static long num_steps = 100000000;
4    #define MAX_THREADS 4
5    double step;
6    int main ()
7    {
8        int i;
9        float local_sum[MAX_THREADS];
10       float xo, x1, x2, x3, pi, sum = 0.0;
11       step = 1.0f / (double) num_steps;
12
13       for (k = 0; k < MAX_THREADS; k++) local_sum[k] = 0.0;
14
15       #pragma omp parallel num_threads(4)
16       {
17           int i, ID = omp_get_thread_num();
18           float scalar_one = 1.0, scalar_zero = 0.0;
19           float ival, scalar_four = 4.0;
20           float vsum[4];
21
22           __m128 ramp  = _mm_setr_ps(0.5, 1.5, 2.5, 3.5);
23           __m128 one   = _mm_load1_ps(&scalar_one);
24           __m128 four  = _mm_load1_ps(&scalar_four);
25           __m128 vstep = _mm_load1_ps(&step);
26           __m128 sum   = _mm_load1_ps(&scalar_zero);
27           __m128 xvec;
28           __m128 denom;
29           __m128 eye;
30
31           // unroll loop 4 times ... assume num_steps\%4 = 0
32           #pragma omp for schedule(static)
33           for (i = 0; i < num_steps; i = i + 4) {
34               ival  = (float)i;
35               eye   = _mm_load1_ps(&ival);
36               xvec  = _mm_mul_ps(_mm_add_ps(eye,ramp), vstep);
37               denom = _mm_add_ps(_mm_mul_ps(xvec,xvec), one);
38               sum   = _mm_add_ps(_mm_div_ps(four,denom), sum);
39           }
40           _mm_store_ps(&vsum[0],sum);
41           local_sum[ID] = step * (vsum[0]+vsum[1]+vsum[2]+vsum[3]);
42       }
43
44       for (k = 0; k < MAX_THREADS; k++) pi += local_sum[k];
45
46       pi = step * (vsum[0]+vsum[1]+vsum[2]+vsum[3]);
47   }
```

图 12-16　一个多线程和向量化的 Pi 程序。这个程序进行数值积分来估计 Pi。假设步数是 4 的整数倍，并且为了保持程序的简单性，我们得到了 4 个线程

绝大多数程序员永远不会编写显式向量化的代码。对大多数程序员来说，向量化是由编译器完成的。对于大多数编译器来说，将优化标志设置为 3 级 (-O3)，以告诉编译器积极优化代码，其中包括自动向量化程序。然而，重要的是，要从高层次上理解编译器在生成向量代码时对代码做了什么。这就是为什么我们花时间来解释循环展开和使用向量内嵌函数的原因。

编译器技术确实很不可思议。从重新排序指令以最大限度地提高吞吐量，到自动寻找利用向量单元的方法，现代编译器使我们免去了手工优化代码的艰苦工作。尽管技术令人印象深刻，但是，编译器首先需要产生正确的答案。因此，当对任何代码重组的语义影响有疑问时，编译器就会忽略代码。其结果是，编译器未能对许多循环进行向量化。不幸的是，现代程序中向量指令的利用率相当低。

我们需要帮助编译器。当我们知道循环是独立的，不存在循环携带的依赖关系时，可以强制编译器将循环向量化。我们用循环上的 simd 构造来实现这一点。例如，在图 12-17 中，就在循环开始之前，我们添加了以下指令：

```
#pragma omp simd private(x) reduction(+:sum)
```

```
1    #include <omp.h>
2    static long num_steps = 100000000;
3    double step;
4    int main ()
5    {
6        int i;
7        float x, pi, sum = 0.0;
8
9        step = 1.0f / (double) num_steps;
10
11       #pragma omp simd private(x) reduction(+:sum)
12           for (i = 0; i < num_steps; i++) {
13               x = (i + 0.5f) * step;
14               sum += 4.0f / (1.0f + x * x);
15           }
16
17       pi = step * sum;
18   }
```

图 12-17 OpenMP 程序对 Pi 程序进行向量化。simd 子句明确地指示编译器对程序进行向量化。与许多 OpenMP 特性一样，这个子句向编译器保证，对代码进行向量化是安全的，而且它会这样做，即使有应该阻止向量化的循环携带的依赖关系情况下也是安全的

这条指令向编译器保证将循环转化为向量化代码是安全的。与我们常规使用的自动向量化不同，编译器不会对循环进行分析，只有在能够证明安全的情况下才会进行向量化。simd 构造是显式的，强制编译器为循环生成向量指令。simd 构造可以与共享工作循环构造结合起来，创建一个复合构造。在图 12-18 中展示了这种复合构造与 parallel 构造的结合。OpenMP 编译器把循环分解成预定在每个线程上执行的连续块，然后，在每个块内，展开

循环，并改造这些展开循环的主体，使它们使用 SIMD 指令。将循环迭代分解为多线程执行的分块，优先于 simd 子句启用的向量化。如果并行循环分解得到的分块大小不能被 simd 子句所需的块的宽度整除，那么向量化就可能受到影响。

```
1   #include <omp.h>
2   static long num_steps = 100000000;
3   double step;
4   int main ()
5   {
6       int i;
7       float x, pi, sum = 0.0;
8
9       step = 1.0f / (double) num_steps;
10
11      #pragma omp parallel for simd private(x) reduction(+:sum)
12      for (i = 0; i < num_steps; i++) {
13          x = (i + 0.5f) * step;
14          sum += 4.0f / (1.0f + x * x);
15      }
16
17      pi = step * sum;
18  }
```

图 12-18　OpenMP 程序对 Pi 程序进行多线程和向量化。这是一种熟悉的"并行 for"的解题方法，但我们增加了一个额外的子句：用于显式向量化的 simd 子句

到目前为止，我们还没有讨论这些版本的 Pi 程序的性能。我们在表 12-2 中进行了介绍。这些是 Pi 循环 50 次执行的平均时间，平均数在程序的多次运行中是稳定的。展开循环减少了循环开销，运行速度略快。注意到，由于编译这些程序时使用的优化级别包括了向量化，所以 Base-float 和 Unroll-4 的结果都包括了自动向量化。我们通过分析编译器生成的优化报告来证实这一点。

表 12-2　数值积分程序的运行时间（以秒为单位）。以 8388608 步运行这些程序 50 次，并取其平均运行时间。我们在双核系统上使用了 4 个线程，每个物理核心有 2 个线程（即启用了超线程）。代码用 Intel icc 编译器 18.0.3 版本编译，优化级别为 -O3。系统为 Apple Macbook Air，2.2 GHz Intel Core i7，8 MB DDR3 内存，频率为 1600 MHz

情况（图示 #）	Pi	平均时间（单位：秒）
Base-float(12.13)	3.140426	0.004849
Unroll-4(12.14)	3.141240	0.004266
SSE(12.15)	3.139504	0.003380
SSE+OMP-par(12.16)	3.140708	0.002278
OMP-SIMD(12.17)	3.140426	0.004930
OMP-par-SIMD(12.18)	3.141475	0.002651

比较那些自动向量化的结果和标注为 SSE 的行中的显式向量化的结果是很有意思的。

这是一个常见的结果：自动向量化通常无法与手动向量化程序的性能相匹配。编译器需要返回正确的结果，因此它们在对程序进行转换时是非常保守的。

在标有 SSE+OMP-par 的行中加入线程，会产生大幅度的加速。根据本书前面的 Pi 程序经验，如果我们在积分时有更多的步骤，使总的运行时间相对于并行循环开销更大，我们就会得到更好的加速效果。

最后我们来看看本章介绍的新 simd 构造。标注为 OMP-SIMD 的一行显示了 simd 构造产生的向量化。请注意，它与自动向量化的结果相当，性能不如显式 SSE 向量化。本章中使用的循环相当简单，显式 simd 构造未能显示出更大的优势也就不足为奇了。最后的结果是使用复合 for/simd 构造与 parallel 构造相结合。这个结果显示出了一个不错的整体性能提升，当然它与结合 SSE 的并行构造不相上下。

关于 OpenMP 中的 simd 构造，我们可以讨论的还有很多。simd 构造使用了我们熟悉的数据环境子句（private 和 lastprivate）、collapse 子句和 reduction 子句。构造上的附加子句控制了可以对循环中的依赖模式做出的假设（safelen、simdlen 和 linear）。其他构造子句向编译器提供了关于对 simd 循环内的变量如何访问内存（aligned 和 nontemporal）做出假设的信息。要了解更多关于 simd 构造的信息，请查阅 *Using OpenMP—The Next Step* 一书[13]。

12.3 设备构造

从 4.0 版本开始，OpenMP 采用了主机 – 设备模式（host-device model）。当启动一个 OpenMP 程序时，它就开始在主机上运行。我们在本书中介绍的大部分内容都集中在如何使用多线程来优化主机上的性能。连接到主机上的是一个或多个设备。这些设备可以是其他 CPU，但通常是 GPU。

当 GPU 成为可编程设备，而不仅仅是适用于渲染图像时，它们引入了一种新的执行模型。这种模型没有一个完美的名字，但它通常被称为“单指令多线程”或 SIMT。这个名字很容易让人混淆，因为 SIMT 中的“线程”和 OpenMP 中的“线程”是不一样的。不过，SIMT 这个名字一直沿用下来，所以我们将遵循惯例并使用它。

我们将用表 12-3 中的代码来描述 SIMT 执行模型背后的核心思想。考虑一个传统的面向循环的简单计算，如表左侧所示。这是一个典型的数据并行操作。计算可以描述为“对于从 0 到 n-1 的每个索引 i，将 a[i] 和 b[i] 的乘积加到 c[i] 上”。SIMT 模型将这种数据并行操作转化为在一个为数据并行执行而优化的附加设备上执行。该模型假设有两个程序：一个运行在主机（CPU）上，另一个运行在设备（通常是 GPU）上。按照 SIMT 模型运行程序的过程可分解为以下步骤：

❑ 在 i 上的循环被一个叫作"网格"（在 CUDA 中）或 NDRange（在 OpenCL 中）⊖的索引空间所取代。

❑ 循环的主体变成了一种特殊类型的函数，称为内核。我们在表 12-3 的右侧显示了对应于示例数据并行循环的内核。由于强调厂商中立的编程，我们使用 OpenCL。标有限定词 global 的变量来自与附加设备相关联的地址空间。函数 get_global_id(0) 返回内核执行的 NDRange 中一个点的索引。

❑ 数据对象（在我们的例子中是数组 a、b 和 c）从主机复制到设备上。

❑ 内核和相关的 NDRange 在主机上被排队执行，然后"卸载"到连接的设备上运行。

❑ 在索引空间的每一个点上运行一个内核实例。这个实例在 OpenCL 中称为"工作项（work-item）"，在 CUDA 中称为"线程（thread）"。

❑ 计算完成后，任何结果都会被复制回主机。

表 12-3　SIMT 模型。用一个内核函数代替一个循环，内核函数的实例在循环定义的索引空间中的每一点运行，在本例中是一个从 0 到 n−1 的一维索引空间

传统循环代码	GPU 的 OpenCL 代码
void mul (const int n,　　　　const float *a,　　　　const float *b,　　　　float *c){　　int i;　　for (i=0; i<n; i++)　　　c[i] += a[i]*b[i];}	kernel void mul (　　　　global const float *a,　　　　global const float *b,　　　　global float *c){　　int id = get_global_id (0);　　c[id] += a[id]*b[id];}

SIMT 的概念是直接的，围绕索引空间（即 NDRange）排列数据和内核，将工作项组织成独立执行的块（以隐藏内存访问延迟），并通过设备进行流式计算，希望以高吞吐量生成结果。问题是，使用传统的 GPU 语言，如 OpenCL 或 CUDA，需要写两个程序：一个是主机程序，一个是设备程序。在厂商中立的编程语言（如 OpenCL）的情况下，可以对设备做出很少的假设，因此即使是在表 12-3 中展示的简单案例，主机程序也可能是几十行代码。

将数据并行计算的面向循环的观点转化为基于 SIMT 模型的观点，可以直接表达为一系列基本规则。这些规则的应用可以实现自动化。因此，在 OpenMP 4.0 版本中，增加了支持将计算卸载到设备上的指令。在图 12-19 中展示了数据并行向量乘法示例的程序。

该程序在主机上作为一个普通的 CPU 程序启动。target 指令及其相关的结构化块（在本例中是单个 for 循环）定义了卸载到设备上执行的目标区域。target 指令还导致数据移动到设备上，在图 12-19 的例子中，这些数据是数组 a、b 和 c 以及标量 i 和 N。当目标

⊖　OpenCL[11] 是一种用于对数据并行设备编程（如 GPU）的工业标准语言。可以把它看成是来自 Nvidia® 的 CUDA® 中定义的基本编程模型，是一个厂商中立的实例。

区域完成执行时，这些数据将从设备复制回主机上。

```
1   #include<omp.h>
2   #include<stdio.h>
3   #define N 1024
4   int main()
5   {
6       float a[N], b[N], c[N];
7       int i;
8
9   // initialize a, b, and c (code not shown)
10
11  #pragma omp target
12  #pragma omp teams distribute parallel for simd
13      for (i = 0;i < N; i++)
14          c[i] += a[i] * b[i];
15  }
```

图 12-19　在 GPU 上对向量进行逐元素乘法的 OpenMP 程序。默认的数据移动在计算开始前
将向量 a、b 和 c 移动到设备上，并在计算完成后回到主机（CPU）上

OpenMP 是为设备设计的，范围包括其他 CPU、GPU，甚至 FPGA。因此，与 target 指令配对的指令可能相当复杂。

对于 GPU 来说，最好的方法是在 target 指令后面加上以下指令及其相关循环：

`#pragma omp teams distribute parallel for simd`

该指令把后续循环的主体变成一个内核，并从循环控制索引中构造一个索引空间（即 NDRange）。它为设备上的每个计算单元（比如 GPU 上的流式 SIMD 单元）创建一个线程组，并在线程组之间分配循环迭代的工作项块。换句话说，它与我们前面介绍的 OpenCL 或 CUDA 的 SIMT 执行策略基本相同。

数据移动对性能有很大影响。通常情况下，数据通过 PCI 链路从主机移动到设备，这比直接从内存移动数据的速度要慢得多。因此，我们在 target 指令中添加了一个子句来定义显式数据移动。图 12-20 中展示了 map 子句及其使用方法。在这种情况下，map 子句规定计算开始时要移动⊖数组 a 和 b 至设备。在计算开始之前，数组 c 被移动到设备上，但是当计算结束时，数组的内容将被移回主机上（即从设备到主机）。作为图 12-20 的一个附加功能，我们还展示了如何使用数组区段来定义要移动的数据，当数组由指针定义时，就需要这样做。

在图 12-21 中，我们给问题又增加了一个复杂的因素。现在我们有两个目标区域，它们计算出一个数组 c，然后用它来计算 d。每个目标区域上的 map 子句管理数据的移动。然而，我们将数组 a 移动到设备上两次，每个内核一次。在第一个目标区域结束时，数组 c 被移动到主机上，然后在第二个目标区域中又移动到设备上。

⊖　"移动"和"复制"这样的词意味着数据在主机和设备之间进行物理复制。从 map 子句的逻辑含义来看，这种观点是一致的。但是，OpenMP 非常谨慎，不要求数据的实际物理移动。当一个设备与主机共享一个地址空间时，一个实现可以"转移所有权"，而没有实际移动数据的开销。

```
1   #include<omp.h>
2   #include<stdio.h>
3   #define N 1024
4   int main()
5   {
6       float *a, *b, *c;
7       int i;
8
9       a = (float*) malloc(N * sizeof(float);
10      b = (float*) malloc(N * sizeof(float);
11      c = (float*) malloc(N * sizeof(float);
12
13   // initialize a, b, and c (code not shown)
14
15   #pragma omp target map(to:a[0:N],b[0:N]) map(tofrom:c[0:N])
16   #pragma omp teams distribute parallel for simd
17       for (i = 0; i < N; i++)
18           c[i] += a[i] * b[i];
19   }
```

图 12-20　使用 `target` 指令显式的数据移动。`map` 子句控制数据从主机到设备或从设备到主机的移动。当使用指向数组的指针时，需要使用数组区段来精确定义要移动的数据

```
1   #include <omp.h>
2   #include <stdio.h>
3   #define N 1024
4   int main()
5   {
6       float *a, *b, *c, *d;
7       int i;
8
9       a = (float*) malloc(N * sizeof(float);
10      b = (float*) malloc(N * sizeof(float);
11      c = (float*) malloc(N * sizeof(float);
12      d = (float*) malloc(N * sizeof(float);
13
14   // initialize a, b, c, and d (code not shown)
15
16   #pragma omp target map(to:a[0:N],b[0:N]) map(tofrom:c[0:N])
17   #pragma omp teams distribute parallel for simd
18       for (i = 0; i < N;i++)
19           c[i] += a[i] * b[i];
20
21   #pragma omp target map(to:a[0:N],c[0:N]) map(tofrom:d[0:N])
22   #pragma omp teams distribute parallel for simd
23       for (i = 0; i < N; i++)
24           d[i] += a[i] + c[i];
25   }
```

图 12-21　多个目标区域。`map` 子句控制数据从主机到设备或从设备到主机的移动。当使用指向数组的指针时，需要使用数组区段来精确定义要移动的数据

　　我们需要在设备的层面上管理数据，而不是在各个目标区域的层面上管理数据。我们通过一个叫作"目标数据区域"的构造来实现。这让我们可以一次性定义一个跨多个目标区域使用的数据区域。在图 12-22 中展示了这个构造的一个例子。在任何一个目标区域执行之前，数组 a、b、c 和 d 只从主机复制到设备上一次，然后在目标数据区域结束时，数组 d 被复制回主机。

```
1   #include<omp.h>
2   #include<stdio.h>
3   #define N  1024
4   int main()
5   {
6       float *a, *b, *c, *d;
7       int i;
8
9       a = (float*)malloc(N*sizeof(float));
10      b = (float*)malloc(N*sizeof(float));
11      c = (float*)malloc(N*sizeof(float));
12      d = (float*)malloc(N*sizeof(float));
13
14  // initialize a, b, c, and d (code not shown)
15
16  #pragma omp target data map(to:a[0:N],b[0:N],c[0:N]) map(tofrom:d[0:N])
17  {
18      #pragma omp target
19      #pragma omp teams distribute parallel for simd
20      for (i = 0; i < N; i++)
21          c[i] += a[i] * b[i];
22
23      #pragma omp target
24      #pragma omp teams distribute parallel for simd
25      for (i = 0; i < N; i++)
26          d[i] += a[i] + c[i];
27  }
28
29  // continue in the program but only using d (not c)
30
31  }
```

图 12-22 `target` 数据区域。一个单一的目标数据区域在设备层面管理数据。它持续存在，并在多个目标结构之间使用

关于 OpenMP 中的设备构造，我们可以介绍的还有很多。正如可以想象的那样，考虑到可能的设备的多样性和数据并行设备可能的广泛算法，这个话题可以非常复杂。然而，SIMT 的基本概念，以及它如何在高层次上映射到 OpenMP 上是简单明了的。通过将 SIMT 核心的索引空间到循环嵌套以及循环体到内核函数联系起来，并行性的表达是通用的，可以直接映射到广泛的硬件上，而不需要特定的机器结构。关于使用 OpenMP 设备的更多细节，请参考 *Using OpenMP—The Next Step* 一书 [13]。

12.4 结束语

OpenMP 已经有 20 多年的历史。在其大部分的"生命"中，该语言一直专注于 SMP 系统。OpenMP 通用核心以 SMP 系统为重点，反映了这段历史。然而，正如我们在本章中详细讨论的那样，实际的硬件并不仅仅只是 SMP。SMP 模型是可行的，因为那些实现的 OpenMP 编译器和支持的运行系统在使多线程程序快速运行方面做得很好。然而，在某些时候，会遇到需要超越 SMP 的情况。

对于 OpenMP 来说，我们已经接受了三种硬件趋势。NUMA、向量单元和附加设备（如

GPU）。在本章中分别介绍了这些内容。大部分时间都花在 NUMA 系统上，因为它们相当普遍。即使是一个基本的多核 CPU 也可以从把它当作一个 NUMA 系统中获益。

用 SIMD 结构寻址的向量单元也相当常见。编译器试图自动利用向量指令，因此程序员往往甚至不考虑直接对它们进行编程。随着这些向量单元宽度的增加，有效利用它们的需求也在增加。我们在选择涵盖哪些向量化主题时做了一个艰难的选择。SIMD 构造和相关的子句在 *Using OpenMP—The Next Step*[13] 一书中有很好的介绍。在那本书中没有很好涵盖的是编译器为了向量化代码而必须进行的实际转换。因此，我们选择描述这些转换，而不是可能会使用 simd 构造的各种子句。

我们以设备构造结束。GPU 越来越受欢迎，对于数据并行算法和适合 GPU 内存的问题，它们的应用可以很广泛。中心思想是将 GPU 作为一个吞吐量优化的设备，并通过 GPU 流工作。OpenMP 和 GPU 的核心概念是将一个循环嵌套视定义为一个索引空间，然后在该索引空间的每个点运行一个函数（核函数）。这是一个简单但强大的想法，它可以完美地映射到 OpenMP 上。

第 13 章

继续 OpenMP 的学习

最新的 OpenMP 规范（5.0 版本）包括 43 条指令、45 个子句、21 个运行时环境变量、68 个运行时库例程，以及超过 30 条组合 / 复合指令。一本涵盖所有这些语言特性的完整参考指南将超过 1000 页！

OpenMP 是一门成长中的语言。平均每两年就会发布一个新的规范。考虑到编写一本书需要的时间，一本涵盖整个语言的完整参考指南在印刷后不久就会过时。OpenMP 的发展速度太快，任何书籍都跟不上。

因此，OpenMP 的书籍集中在核心概念和基本设计模式上。如果需要了解 OpenMP 的全部内容以及最新的指令和子句，就必须回到 OpenMP 的源头。需要直接使用 OpenMP 架构审查委员会提供的资源。

在本章中，我们将介绍这些资源。我们的目标是帮助你了解可用的资源，以帮助你成为一个更有效的 OpenMP 程序员。这些资源之一就是 OpenMP 规范本身。规范是为编写支持 OpenMP 的编译器的人而写的，而不是应用程序员。因此，规范中充满了复杂的术语和晦涩的细节，即使是最有经验的应用程序员也会受到挑战。在本章中，我们将解释规范中使用的专业术语，这样就可以阅读规范并提取需要的信息。

13.1　来自 ARB 的程序员资源

OpenMP 架构审查委员会（ARB）主要通过 OpenMP 网站与程序员社区进行交流：

https://www.openmp.org

在这个网站上，你会发现新闻和事件，关于 ARB 的背景信息，当然还有一个博客。然而，作为程序员，网站上有三个项目是必不可少的。

- ❑ OpenMP 规范
- ❑ OpenMP 示例
- ❑ OpenMP 参考指南

在网站的"规范"标签下可以找到这些规范。每个规范都包括 OpenMP 示例文档。在新规范发布后，示例需要一年或更长时间才能完成，但最终每个规范都会有一个示例文档。

示例文档不是标准的正式部分，但对大多数程序员来说，它比规范更重要。虽然我们将在本章后面描述 OpenMP 规范，并帮助学习你所需要的知识，以便有效地使用它们，但程序员通常不会通过阅读规范来学习。程序员是通过看例子来学习的。

示例文档的内容涵盖了规范中的大部分构造，重点是较新和较易混淆的构造。示例中还包括展示 OpenMP 中微妙问题的案例。例如，在 OpenMP 4.5 示例文档的第 62 页，介绍了一个特别具有挑战性的"死锁"问题。我们在图 13-1 中重现了这个代码。

```
 1   void work()
 2   {
 3      #pragma omp task   //task 1
 4      {
 5
 6         #pragma omp task    //task 2
 7         {
 8
 9                #pragma omp critical // Critical region 1
10                 {/* do work here */}
11         }
12         #pragma omp critical // Critical Region 2
13         {
14
15            #pragma omp task // task 3
16               {/* do work here */}
17         }
18      }
19   }
```

图 13-1　一个微妙的任务死锁：这是 OpenMP 4.5 示例文档中的 tasking.9.c 例子。如果线程
　　　　暂停任务 1 以开始任务 2 的工作，这个函数就会出现死锁

OpenMP 4.5 规范定义了任务的调度规则，并规定在允许线程暂停和激活任务的点上（所谓的"任务调度点"），程序必须保证锁或临界区等互斥构造不跨越任务调度点。仔细观察图 13-1 中的代码。执行任务 1 的线程创建了一个新的显式任务（任务 2）。然后，它进入一个临界区域，在这个临界区域内，它又创建了一个显式任务（任务 3）。显式任务的创建定义了一个任务调度点，也就是程序执行中的一个点，线程可以在这个点上改变哪些任务被调度执行。有可能在任务 3 的任务调度点，运行时系统可以暂停任务 1，执行任务 2。临界构造由任务 1 持有，所以程序会在任务 2 内部的临界构造处死锁。

这是一个微妙的 bug，很容易让有经验的 OpenMP 程序员感到困惑。ARB 相当有远见地想到把这类"细微错误"的例子放在示例文档中。

例子是一个重要的学习资源，但当编码一个新的 OpenMP 程序时，挑战不在于学习，而在于记忆。如何能把所有构造的详细语法理解清楚，或者记住哪些子句是允许在哪些指令上使用的？在资源标签下有一个菜单，该菜单中的一个项叫作"参考指南（Reference Guides）"。参考指南总结了 OpenMP 规范中每项的语法。我们强烈建议下载你所使用的 OpenMP 版本的参考指南，并在编写代码时随身携带。

13.2 如何阅读 OpenMP 规范

OpenMP 通用核心是 2008 年 5 月发布的 OpenMP 3.0 规范的一个子集。在我们编写本书时，OpenMP 5.0 是最新的规范，它是在 2018 年 11 月发布的。在 3.0 版本和 5.0 版本之间的 10 年里，OpenMP 发生了很多事情。增加了解决非均匀存储器需求的功能。扩大了可以解决的任务算法的范围。用 simd 构造增加了对向量化的支持。最引人注目的是，我们超越了多线程，增加了使用 OpenMP 对 GPU 进行编程的指令。

然而，尽管有这些新的功能，OpenMP 的专业术语仍然没有改变。为了将任务纳入 OpenMP，我们不得不改变用来描述 OpenMP 构造的语言。这些改变使任务成为 OpenMP 中一切事情的核心。这让我们可以用任务的方式一致地定义数据环境和执行模型的行为。为了实现这个目标，并支持整个语言的严格一致性，我们不得不添加隐式并行区域和其他第一次遇到时看起来很奇怪的概念。本节最重要的工作是解释这些术语，这样当在规范中遇到这些术语时，就不会感到困惑。

我们从头开始解释 OpenMP 的术语，但与本书其他地方不同的是，我们将使用在规范中找到的所有详细术语。当阅读这篇关于 OpenMP 的描述时，请提醒自己，你已经接触过所有这些概念。如果这些词看起来很混乱，请暂停一下，并记住我们所描述的一切对你来说都不陌生。

13.2.1 带有所有正式术语的 OpenMP

OpenMP 是一种用于编写并行应用程序的编程语言。硬件是由一个或多个设备组成，其中一个设备是主机设备（host device）。一个程序的执行是从主机设备开始的。OpenMP 直到 4.0 版本都只有主机设备。这个设备必须是一个多处理器系统，比如多核 CPU。从 OpenMP 4.0 开始，该语言支持更多的设备。OpenMP 程序可以使用目标指令将工作卸载到这些附加设备上。我们在此不进一步讨论卸载到目标设备上的事情，提起它们只是为了让你了解 OpenMP 设备的概念。

OpenMP 编程语言是一种基础语言的扩展。这些扩展通过 OpenMP 规范定义的一系列指令和运行时库例程来表达。目前 OpenMP 支持的基础语言有 C、C++ 和 Fortran。指令规定了 OpenMP 程序的行为，在 C/C++ 中是用 `pragmas`，在 Fortran 中是用注释语句的一种特殊形式。

指令可以是声明式的，也可以是执行式的。声明式指令与程序中的声明性语句一起出现，它影响数据的特性或函数的编译方式。一个很好的例子是 10.2.1 节中介绍的 `threadprivate` 指令。其他指令是可执行的。顾名思义，这些指令修改程序的执行行为。`parallel` 指令是可执行指令的一个例子。不与任何代码相关联的可执行指令称为 `stand-alone` 指令。`barrier` 指令是独立指令的典型例子。

可执行指令是 OpenMP 程序中任何有用的并行执行的基础。一个可执行指令加上与该指令相关的代码称为构造（construct）。这个代码几乎总是一个结构化的块，其中包括 for 循环，单条语句，或者是一个顶部有一个进入点、底部有一个退出点的代码块。构造体中的代码与指令驻留在同一个编译单元中，因此通常说它在可执行指令的词法范围内。

关于可执行指令的另一个关键思想是区域。区域是指一个构造执行的所有代码。它包括指令词法范围内的代码，也包括构造执行的函数内的代码。例如，对于一个并行构造创建的线程组，每个线程都会执行并行区域内的代码。

我们现在已经介绍了硬件（主机设备和任何其他附加设备）以及 OpenMP 如何与程序的源代码（用基础语言和指令编写）交互，形成构造和区域。除了 SIMD 和目标构造外，OpenMP 关注的是在多处理器系统上执行的线程。一个线程是一个执行实体，它有一个程序计数器，自己的私有内存以堆栈的形式实现，还有一些附加在线程上的静态内存（线程私有内存）。但请注意，在谈论一个线程时，我们并没有定义它所执行的工作。这个工作是由任务的概念来体现的。

任务是可执行代码及其数据环境的具体实例。任务是由线程执行的。我们用任务来定义一个程序的所有工作。通过这样，任务给我们提供了一种描述代码如何执行以及与数据环境交互的通用方法。如果一个任务是由一个任务构造创建的，那么它就是一个显式任务。我们把由任何其他构造创建的任务或由程序直接执行的隐含的任务称为"隐式任务"。

作为如何在实践中使用这些术语的例子，我们将讨论程序在主机设备上启动时如何执行。一个隐式并行区域包裹着整个程序，这里我们使用"隐式"一词，因为该并行区域不是由并行构造创建的。它是一个非活动的并行区域，因为它不是由并行构造生成的，因此不是由线程组并行执行的。它只是作为一个概念存在于 OpenMP 中，所以我们可以一致地定义 OpenMP 元素，无论它们是否由线程组执行。

隐式并行区域运行在初始线程上，执行初始任务。我们从图 13-2 中的前三点可以看出这一点。在 OpenMP 程序的某个时刻，初始线程遇到了一个并行构造。初始任务分叉出一个线程组，然后暂停。换句话说，初始任务变得不活跃，每个线程组在一个并行区域内运行一个由代码定义的隐式任务，这在图 13-2 中的第 4 点到第 7 点中显示。当隐式任务完成其工作时，与这些任务相关的线程在栅栏处等待。所有的任务，包括隐式任务和显式任务（即用任务构造创建的任务），都必须在到达栅栏之前终止。这时，组中的线程被终止，初始线程继续运行初始任务。

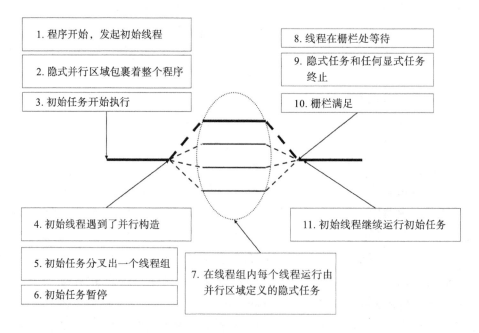

图 13-2　与执行并行区域相关的术语。程序从一个初始线程开始，执行一个并行区域，然后继续执行。我们展示了这个过程的 11 个步骤，以及 OpenMP 规范中用来描述这些步骤的术语

回顾一下，任务可以是绑定的，也可以是不绑定的。绑定的任务总是由同一个线程执行。任务默认是绑定的，任何隐含任务也是绑定的。如果有与线程相关联的资源（如 threadprivate 数据），绑定的任务可以依赖它们始终存在。然而，当任务从主动执行切换到暂停时，未绑定的任务可能会被组中的不同线程执行。这种切换发生在定义明确的任务调度点。特别是，一种实现可以使任何线程在任务调度点暂停执行其隐式任务，并切换到去执行组中任何一个线程产生的显式任务。这一点很重要，例如，这样一个线程可以暂停生成新的显式任务的活动，并帮助线程组去执行等待执行的积压任务。

在可以轻松阅读 OpenMP 规范之前，我们还需要定义一些剩余的术语。并行区域可以被嵌套。我们可以创建一个线程组，每个线程都可以创建自己的嵌套线程组。初始线程和它所创建的任何线程（它的后裔线程）定义了一个竞争组。当我们考虑一个构造时，必须理解绑定线程组（binding thread set）。这是受构造影响的线程集，或者说是为一个区域的执行"提供上下文"的线程集。例如，一个 critical 构造的绑定线程集就是竞争组。而一个

`task` 构造的绑定线程集，则是遇到该构造的单个线程。我们说线程产生任务。

最后，我们还需要两个额外的概念来理解 OpenMP 中的全部构造。在第 5 章中，我们遇到了一个常见的模式，即 `parallel` 指令创建了一个线程组，而并行区域由一个循环组成。该循环会有一个共享工作循环构造。作为一种速记，我们将 `parallel` 指令和 `for` 指令结合起来，创建一个单一的组合构造。这个构造的行为与单独的 `parallel` 构造和紧跟的 `for` 构造相同。

当我们将构造组合起来，但语义不同于独立构造序列时，我们说这个构造是复合构造。在 12.3 节中讨论过一个很好的复合构造的例子。一旦我们使用 `target` 构造从主机设备移动到目标设备上，我们就用指令将一个循环映射到 GPU 上：

```
#pragma omp teams distribute parallel for simd
```

该指令加上相关的循环是一个复合构造。它的语义不能由一系列嵌套结构（`teams`，`distribute`，`parallel`，`for`，`simd`）来定义。

至此，我们完成了 OpenMP 的专业术语之旅。我们还没有定义 OpenMP 的全部词汇，你可以在规范中找到。然而，我们已经涵盖了最重要的术语。有了我们所涵盖的术语，应该能够在阅读规范的过程中找到任何其他需要的术语。

13.3　OpenMP 规范的结构

OpenMP 语言的定义开始于两个独立的文件：一个是 C/C++ 文件，另一个是 Fortran 文件。我们中的大多数人对编写规范很陌生，坦率地说，这表现在规范的质量上。在 OpenMP 的早期，维护两个文档被证明是很麻烦的。例如，我们会在 OpenMP 中发现一个错误，并对一种语言进行修正，但需要一年或更久的时间才能将其修改到另一种语言的规范中。

OpenMP 2.5 是一个重要的过渡。我们的目标是将两种语言规范合并成一个规范，因此我们从 2.0 规范转移到 2.5。我们的目的是不增加额外的功能，只关注如何在一个文档中涵盖两种语言。我们认为这只需要 6 个月的时间，而且会很快地结束它，然后继续为 OpenMP 3.0 提出新的概念。

事实证明，这是相当天真的。我们花了三年多的时间进行艰苦的工作，才创建了 OpenMP 2.5。我们不仅仅是结合了 Fortran 和 C/C++ 规范，还仔细地重新考虑了 OpenMP 的术语和结构。OpenMP 2.5 规范是第六个 OpenMP 规范。那时，我们已经深知如何构建一个好的规范。它非常出色，OpenMP 2.5 建立的基本结构一直保持到最新的 5.0 版本。

我们在规范开篇就列出了使用的所有术语的详细词汇表。我们把词汇表放在开篇，以鼓励读者在进入规范本身之前，至少浏览一下，并了解在哪里可以找到特定的定义。然后，我们描述了 OpenMP 背后的基本抽象，特别是执行和内存模型。对于 5.0 规范的新内容，我们接着定义了 OpenMP 工具接口（本书完全没有涉及）。

在第 2 章中，我们开始讨论指令本身。在描述了指令的格式和背景细节之后，介绍了指令的基本定义。每项指令都遵循类似的格式，包括以下部分：

❑ 摘要：定义指令作用的几行字。

❑ 语法：指令的具体语法，有针对 Fortran 和 C/C++ 的单独描述部分。

❑ 绑定：指令连接到哪些执行实体（例如线程）。

❑ 描述：详细的描述，定义了指令的行为。

❑ 事件和回调：定义工具接口的两个部分。

❑ 限制：限制指令的子句或如何在程序中使用它的规则。

❑ 交叉引用：对影响该指令的 OpenMP 其他元素的引用。

根据指令的不同，在这个基本结构之后，可能会有更多的子句来扩展指令的某些特征。例如，对于并行指令，基本指令定义之后有两个子节。第一节解释了确定并行构造创建的线程组中线程数的规则。第二节定义了该指令如何与线程亲和力问题交互（对于 NUMA 系统很重要）。

举个例子，让我们来看看 OpenMP 5.0 规范中并行构造的开端。我们在图 13-3 中提供了一份规范中的页面副本，这是规范中的 2.6 节。标题中给出了指令的名称（parallel）和它作为构造的状态（即它是一个指令加上一个结构化的代码块）。然后，我们得到一个单行的描述，即这个构造创建了一个 OpenMP 线程组。措辞是非常仔细的选择，这就是为什么我们花了这么多时间讨论术语的原因。特别是，规范表示组中的每个线程都会执行一个区域，这个区域指的是紧接在并行指令之后的结构化块中可见的代码，加上该代码调用的任何函数。

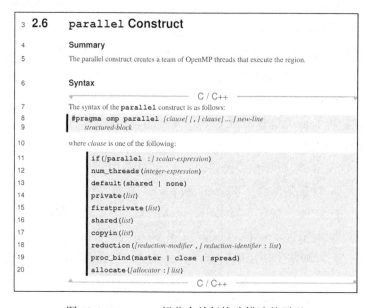

图 13-3 OpenMP 规范中并行构造描述的再现

在第 6 行到第 20 行，我们看到了 C/C++ 语言的指令语法。

第 8 行给出了 pragma 的具体文本，在换行之前，显示了一系列的可选子句。由于这是一个构造，而不是一个独立的指令，所以在第 9 行显示了与指令相关的结构化块。

在使用 OpenMP 规范时，需要查找的重要特征是可以与指令一起使用的子句列表。其中一些包含在 OpenMP 通用核心中（private，shared，reduction）。每一个子句要么在后面的构造描述中定义，要么在规范的其他地方有具体的位置，在交叉参考文献部分给出了查找其他信息的地方。

在重复了 Fortran 的语法定义之后，我们进入到绑定部分。这一节描述了构造如何连接或"被绑定"到执行实体，如线程和其他 OpenMP 构造。例如，在并行构造中，该构造被绑定到遇到的线程上。对于共享工作循环构造和任务构造，绑定线程集是当前线程组。由于并行区域（也就是线程组）可以被嵌套，因此规范继续规定，相关线程组绑定到"最里面"的包围并行区域。下面的描述部分提供了该构造的详细描述。在这里，将明确地描述一个指令的细节及其行为。

OpenMP 规范对于一个应用程序员来说是很难读懂的。我们大多数人的做法是将示例文档和规范并列在一起。比较规范和特定指令的例子，通常就足以理解规范的含义。幸运的是，随着实践的进行，这会变得更容易。

13.4　结束语

我们现在已经到了本书最后一章的尾声。从一开始就假设我们对并行计算知之甚少或一无所知。在本书的过程中，已经涵盖了 OpenMP 的子集，我们称之为通用核心。如果按照我们的建议，在学习通用核心的过程中写了大量的代码，那么你已经掌握了 OpenMP 最基本的元素。当结合我们在"超越通用核心"章节中对 OpenMP 的讨论，就真正掌握了大多数程序员所使用的 OpenMP 的大部分内容。

然而，最后一章却包含了现代生活中一个不变的东西：变化。OpenMP 在变。硬件在变。你需要使用的算法也在变。一个程序员必须不断地生活在"学习模式"中，面对变化，随时准备学习新的技能。这就是为什么我们在本书的最后讨论了"继续 OpenMP 的学习之路"。诸如这本书和 *Using OpenMP—The Next Step* 都是帮助你入门的强大资源。然而，随着时间的推移，没有一本书能够跟上 OpenMP 的步伐。希望通过我们最后一章的信息，你能做好准备，直奔源头，用 OpenMP 继续你的未来之旅。

术 语 表

Address space（地址空间）：计算机系统中的存储器是通过地址访问的。变量是内存中地址的名称。地址空间是一个进程可用的所有地址的集合。在 OpenMP 通用核心中，假设一个共享的地址空间对所有与进程相关联的线程都是可用的。

Amdahl's law（阿姆达尔定律）：阿姆达尔定律是一个简单的关系，它表明程序中不能并行化的部分限制了一个程序在多个处理器并行执行时可能运行的速度。如果 α 是串行比例，也就是程序中不能并行运行的部分，那么，阿姆达尔定律指出，一个程序最多只能获得 $1/\alpha$ 倍的加速。

Atomic operation（原子操作）：原子操作是指不能以中间状态观察的操作。它要么是"完成"，要么是还没有"发生"。一次只能有一个线程执行原子操作，而且它不能被中断。原子操作用于建立线程之间的排序约束（即用于同步线程）。如果两个或更多的线程使用共享变量的值来协调它们的执行（例如，实现自旋锁），那么在不产生数据竞争的情况下，唯一的方法就是用原子操作读写这些共享变量。

Barrier（栅栏）：栅栏是 OpenMP 通用核心中的基本同步结构。栅栏定义了程序执行中的一个点，在这个点上，组内线程要等待，直到组中所有的线程都到达该点。一旦所有的线程都到达了该处栅栏，共享内存中的变量就会被冲刷（即它们的值与内存保持一致），然后线程执行栅栏之后的语句。

Cache（缓存）：缓存是一个存储缓冲区，它提供对内存块的低延迟访问。缓存并不定义一个独立的地址空间。非正式地，可以把缓存看作是为系统的 RAM 内存提供了一个窗口。数据在内存和缓存之间的移动是以缓存行为单位的，缓存行对应于内存中的一个连续地址段。在现代微处理器中，一个典型的高速缓存行是 32 或 64 字节。系统中的缓存有很多组织方式，通常情况下，在每个核心附近有一对缓存。这些称为 L1D 的 L1 数据缓存和 L1I 的 L1 指令缓存。它们很小，但以 CPU 的时钟频率或接近 CPU 的时钟频率运行。一个更大但更慢的缓存是统一的 L2 缓存。术语"统一"用于表示它同时容纳数据和指令。这种层次结构通过多级缓存继续延伸，直到到达最后一级缓存，它是多处理器中核心之间共享的较大和较慢的缓存。

Cache coherence（缓存一致性）：在一个共享内存系统中，每个处理器均提供缓存，一个变量可能存在于内存层次结构的多个位置。大多数这样的系统被称为缓存一致性，也就是说，它们保证，在一个适当同步的、无竞争的程序中，系统保持着内存的单一视图。这意味着系统必须跟踪整个缓存层次结构中的值，并在处理器读取或写入共享变量时根据需要更新它们。

Cluster（集群，也称机群）：共享内存要想有效，需要在硬件上投入大量资源，以支持各处理器之间的共享地址空间，其到内存的延迟变化要适合程序员编写的并行算法。在某些时候，当我们扩大并行计算机的规模时，维护共享内存的成本变得太高，而且难以实现。解决办法是过渡到分布式内存系统，系统中的每台计算机都有自己单独的内存。然后，计算机之间的交互以离散消息的方式进行交换，而不是通过加载和存储到共享地址空间。集群是构建分布式内存系统的主流方式。集群使用"商用现成"（COTS）计算机（节点）与 COTS 网络来构建大规模的分布式内存计算机。软件系统将集群中的节点组织起来，使它们看起来像一个单一的集成系统。集群中最重要的软件是消息传递软件，通常基于 MPI 标准。

Concurrency（并发）：一个系统中两个或两个以上的执行实体处于活动状态，但没有先后顺序。所谓"活动"是指执行实体正在执行一系列的操作。所谓"无序"是指我们没有

全局的时间戳，无法说清不同执行实体的操作相对于其他实体的执行时间。当需要这种排序约束时，我们使用同步操作。

Construct（构造）：一个 OpenMP 可执行指令和相关的循环或结构块。它不包括任何在结构块中调用的例程代码。它只包括可执行指令的词法范围。通用核心中的构造有 parallel、task、single、target 和 worksharing-loop。OpenMP 定义了组合构造，它是由两个构造合并在一起而成。合并构造的语义与连续调用两个独立构造的语义是一样的。OpenMP 还定义了复合构造，它是通过合并构造和指令实现的，但所产生的语义可能与连续应用单个构造所产生的语义不同。

Core（核心）：为了提高总体性能，一个处理器通常由一些较小的处理器组成。当这些处理器在抽象层面上作为一个独立的处理元素出现，并拥有自己的指令序列时，它们被称为核心。大多数高性能计算系统中的 CPU 一般都有多个核心。一个核心通常包括支持多个线程的硬件元素，这被称为同步多线程（SMT）或超线程。每个硬件线程在操作系统看来都是一个虚拟核心。例如，服务器的高端 CPU 可能有 24 个物理核心，但 SMT 技术可能支持每个核心 2 个硬件线程，在这种情况下，操作系统将报告 48 个虚拟核心。

CPU（中央处理器）：中央处理器是一种通用处理器，针对低延迟和交互式案例进行了优化。我们所说的"通用"是指 CPU 有望运行任何形式良好的程序。为了支持交互式案例，CPU 通常有一个缓存层次结构，将经常更新的变量保存在内存缓冲区中，它相对于 CPU 内的处理元素的速度来说运行得很快。作为一类设备，CPU 极其常见地出现在从数

据中心内的高端服务器到手机中运行的微小芯片。在高性能计算系统中，我们非正式地认为 CPU 是占据服务器中一个插槽的设备。

Critical（**临界指令**）：临界指令加上其关联的结构块定义了一个同步结构，在 OpenMP 中提供互斥。结构块中的代码一次只能由一个线程执行。如果一个线程遇到临界构造，而另一个线程已经在执行构造中的代码，它将等待该线程完成构造所定义的工作，对内存进行任何其他线程可见的更新，并退出构造。在计算机科学文献中，这种功能通常被称为临界区。

Data environment（**数据环境**）：一个区域内可见的变量集。这意味着每个构造（即一个指令加上其相关的结构块）都有自己的数据环境。OpenMP 提供了一组子句来定义变量如何在数据环境之间移动。这些子句最常见的例子是 `shared`、`private` 和 `firstprivate`。

Data race（**数据竞争**）：数据竞争发生在以下情况：（1）共享内存系统中的两个或多个线程向重叠的地址范围发出加载和存储；（2）这些加载和存储没有被限制为遵循一个明确定义的顺序。由于在不同处理器上运行的线程在"竞争"，看哪个存储操作针对共享变量，所以使用了"竞争"一词。大多数现代语言（包括 OpenMP）规定，有数据竞争的程序是无效的。在这种情况下，编译器不需要产生定义明确的结果。

Directive（**指令**）：指令是向编译器发出的命令，并在程序的源代码中表达。在 OpenMP 中，指令在 C/C++ 中是用 `#pragma omp` 开头，在 Fortran 中，用如 `!$OMP` 引入的注释语句。OpenMP 是一个显式 API，所以指令告诉编译器在编译过程中对代码进行特定的转

换。OpenMP 定义了几种类型的指令。声明性指令出现在程序的声明语句中，影响变量的声明方式。一个例子是 `threadprivate` 指令。可执行指令出现在程序的可执行语句中，通常告诉程序在编译过程中如何转换代码以支持线程。`parallel` 指令是可执行指令的一个很好的例子。一个独立的指令不与任何声明或代码块相关联。它为编译器定义了一个直接的动作，以便插入到编译器生成的指令流中。`barrier` 指令是一个独立的指令。

DRAM：典型计算机系统中的内存以随机存取存储器（RAM）的形式展示出来，它通常由动态随机存取存储器芯片实现的硬件模块来支持。在本书中，当我们要指定一个支持内存系统的硬件元素时，就会用到 DRAM 这个术语。

Environment variable（**环境变量**）：环境变量是一种修改进程执行环境的机制。OpenMP 中并没有定义如何设置和管理这些变量的细节，因为它们往往因操作系统不同而不同。通常，OpenMP 中的每个内部控制变量（ICV）都有一个相关的环境变量。这是为 OpenMP 的执行设置的 ICV 默认值。最常用的 OpenMP 环境变量是 `OMP_NUM_THREADS`。

First touch（**首次接触**）：系统可寻址的内存量大于物理内存（DRAM）的量。对此，操作系统会将内存组织成页，一页能放进物理内存。如果系统是一个具有多个 NUMA 域的 NUMA 系统，那么相对于访问页的核心，该页所映射位置不同，访问性能会有很大差异。在这种系统中，一种常见的策略称为首次接触，即内存页被映射到首次接触数据的核心的 NUMA 域。在实际应用中，这意味

着 OpenMP 程序应该用以后会处理该数据的相同线程来初始化这些数据。

Flush（冲刷）：冲刷是一个使其共享变量集与内存保持一致的操作。请注意，冲刷并没有定义与其他线程的同步关系，它不是一个同步操作。然而，冲刷在控制数据同步方面是必不可少的。冲刷强制将寄存器或其他缓冲区中的变量写入内存，并且它将缓存行标记为"脏"，以便在下次加载时从内存中刷新该数据。在其他共享地址空间系统中，冲刷操作通常被称为"内存栅栏"。

GPU（图形处理单元）：图形处理单元最初是为处理图形数据而设计的。这些都是吞吐量优化的设备。例如，如果正在渲染一幅图像，计算任何特定像素的时间并不重要。我们关注的是吞吐量，也就是每秒可以通过 GPU 传输的图像数量。随着时间的推移，随着更复杂的渲染算法的开发，GPU 处理管道变得可编程。这导致了 GPGPU 编程或通用 GPU 编程。GPGPU 的执行模型是 SIMT。在 OpenMP 中，`target` 和相关的设备指令被用来对 GPU 进行编程。

Internal Control Variable（内部控制变量）：OpenMP 实现的内部的一个不透明的对象，它管理着 OpenMP 程序执行的默认值、执行模式或其他行为。在大多数情况下，内部控制变量（或 ICV）有一个相关联的环境变量和运行时库例程来设置变量和获取变量的值。

Load balancing（负载均衡）：一组线程一起并行执行代码，当组中最后一个线程完成工作时，整个组就完成了它们的工作。线程完成时间的变化会导致部分线程等待其他线程完成，从而产生并行开销。负载均衡指的是调整每个线程所做的工作，使线程组内所有线程在大致相同的时间内完成工作的技术。对于 OpenMP 程序员来说，这通常归结为调整共享工作循环构造上 schedule 子句的参数。

Lock（锁）：在 OpenMP 中，通过锁数据类型和一组运行时库例程实现同步操作。这些通过一对基本操作：set 和 unset 来实现互斥执行。一个线程设置锁，我们说这个线程持有锁。如果一个线程试图设置一个锁，而另一个线程持有相同的锁，它将等待直到持有锁的线程解除锁。锁支持互斥同步，但其方式比 OpenMP 指令（如 `critical`）更加灵活。

Memory（内存）：计算机中存放变量值的子系统。内存是通过地址访问的，因此我们可以将内存描述为计算机中支持系统地址空间的子系统。内存被组织成一个层次结构，较快/较小的内存单元（高速缓存）靠近处理器，较慢/较大的内存设备（通常为 DRAM 模块）则远离处理器。

Memory model（内存模型）：全称是"内存一致性模型"，不过我们通常简称为"内存模型"。内存模型是定义当一个变量在两个或多个线程之间共享时，对该变量进行读取（或加载）操作所返回的值的一组规则。当推理多个线程向重叠的地址范围发出加载和存储时，就会用到这个模型，以保证程序不会出现任何数据竞争。

MPI：消息传递接口（MPI）是对分布式内存计算机进行编程的主流标准 API。顾名思义，它定义了分布式内存系统中进程如何交换消息的语义。然而，MPI 不仅仅是一个传递消息的系统，更准确地说，它是一个协调进程执行的完整系统，包括集体通信、单边通信、共享内存区域，以及为分区全局地址空间构建运行时系统所需的基本构造。MPI 和

OpenMP 经过多年的发展，二者已经成为高性能计算的主流模式，节点之间采用 MPI，节点上采用 OpenMP。这通常被称为 MPI/OpenMP 混合模式。

Multicore（多核）：具有多个核心的 CPU 就是多核 CPU。虽然从技术上讲多核是一个形容词，但它经常被用作名词。在某些情况下，我们要区分多核 CPU 与众核 CPU，多核 CPU 通过内存层次结构（缓存一致性）连接核心，而众核 CPU 则通过可扩展的片上网络连接核心。

Multiprocessor（多处理器）：一类计算机系统，其中多个处理器共享一个由物理共享内存系统支持的地址空间。

Multithreading（多线程）：在一个共享地址空间内执行多个轻量级执行实体（线程）的执行模式。

Node（节点）：大规模的并行计算机是通过某种网络将多台独立的计算机连接在一起建立起来的，我们称这个系统中的每一台计算机为节点。另一种思考方式是计算机网络定义了一个图，图中的节点是网络中的计算机，而图中的边则代表网络中的点对点链接。

NUMA：非统一内存架构是一种共享内存的计算机，对于这种计算机来说，系统中各处理器访问内存中不同位置的成本是不同的。由于缓存的存在，目前大多数计算机系统都是 NUMA 系统。

Original variable（原始变量）：变量出现在与构造相关联的代码内部。这些变量中有许多是在构造之前声明的，并通过默认或构造上的某个子句传递到构造的作用域中。对于这样的变量，有一个同名的变量紧接在构造之前存在。这被称为原始变量。

Parallelism（并行性）：多个处理器同时运行来解决一个问题，就是并行运行。多线程是并行的一种特殊类型，即在多个处理器上运行并发线程的集合，以并行方式执行。

Process（进程）：操作系统以进程为单位组织程序的执行。一个进程包括一个或多个线程，并处理资源以支持线程。这包括线程之间共享的内存区域。

Processor（处理器）：一个通用术语，指的是线程可以运行的任何硬件元素。这包括 CPU、GPU、DSP、核心和任何其他种类的处理元素。

RAM：当我们考虑计算机系统中的内存时，我们通常指的是随机存取内存（RAM）。这是一种按字节可寻址的内存，支持任意的内存引用流（即随机访问）。

Region（区域）：给定构造或 OpenMP 库例程的特定执行实例中遇到的所有代码。该区域包括来自结构化块的代码（即指令的词法范围），以及线程执行构造内的代码时调用的任何代码。

Runtime library（运行时库）：OpenMP 提供了一组可在运行时调用的库例程，以管理在编译时无法解决的实现功能。例子包括 `omp_thread_num()` 函数，它返回一个线程组中单个线程的 ID，或者 `omp_num_threads()` 函数，它返回一个组中线程的数量。

SIMT（单指令多线程）：单指令多线程是一种执行模型，通常用于理解图形处理单元（GPU）上程序的执行。一个索引空间通常由一组嵌套的循环来定义。在这个索引空间的每一个点上，都会执行一个称为内核的函数实例。数据也是围绕这个索引空间组织的，这有助于程序员推理内存的位置。内核实例被分组为块，这些块被排队执行，并在其数据可用时执行。SIMT 执行的目标是优化系统的吞吐量，也就是说，任何一个单独的内核实例可能需要很长的时间来计算，但内核实例的集合却能在高带宽环境下并行完成。

SMP：对称多处理器（Symmetric MultiProcessor）是一种共享内存的计算机，其中（1）操作系统对每一个处理器都一视同仁；（2）对所有处理器来说，访问内存中任何位置的成本都是一样的。

Speedup（加速比）：某一参考运行时间与待比较运行时间之间的比率。在报告加速比数据时，指定参考运行时间非常重要。通常情况下，当额外的处理器被用来执行并行程序时，我们对加速比趋势感兴趣。在这种情况下，参考运行时间应该是在一个节点上运行的最佳串行算法。当加速比等于处理器数量时，我们说程序显示出完美的线性加速比。

SPMD（单程序多数据）：单程序多数据是并行编程的一种基本设计模式。每个执行实体运行相同的程序（单程序），但在自己的变量集（多数据）上运行。工作是通过每个实体的 ID 和并行运行的实体数量来管理执行实体之间的工作。

Structured block（结构化块）：是一条或多条语句组成的块，它与某些 OpenMP 指令相关联一起定义了一个构造。结构化块中的语句定义了一个执行流程，在程序的正常运行中，执行从块的顶部进入，底部退出。在 OpenMP 通用核心中，"顶部进入，底部退出"规则的唯一例外是终止程序执行的退出语句。对于 C/C++ 来说，结构化块是一个单一的语句（包括 for 语句）或大括号（{ 和 }）之间的语句集合。对于 Fortran，OpenMP 定义了一个指令来标记结构化块的结束（例如，!$OMP parallel 和 !$OMP end parallel）。

Synchronization（同步）：来自并发线程的操作相对于其他线程是无序的。这意味着在一般情况下，我们不能说一个线程上的哪些操作发生在其他线程的哪些操作之前。同步指的是我们将特定的排序约束插入到并发线程的执行中的方法。具体来说，一个同步事件定义了线程之间的 synchronized-with 关系。在一个线程上 synchronized-with 关系之前的操作，发生在另一个线程上 synchronized-with 关系之后发生的操作之前。当同步适用于整个组的所有线程时，比如栅栏和临界构造，我们称之为集体同步。我们也可以定义线程对之间的同步事件，也就是成对同步。当同步指的是内存中变量的更新顺序时，我们称之为数据同步。我们还将这个术语专用化，以指来自多个线程的操作顺序的约束，这就是所谓的线程同步。

Task（任务）：任务一词非正式地用于描述一个独特的工作单元。在 OpenMP 中，它特别指的是可执行代码的一个具体实例和它的数据环境。如果一个任务是由 OpenMP 任务构造创建的，那么它就是一个显式任务。如果一个任务是由一个构造暗示的，那么它就是一个隐性任务。例如，当一个 OpenMP 程序开始执行时，它由一个初始线程运行，这个线程运行一个隐性任务，称为初始任务。在 OpenMP 中定义隐式任务可能看起来很奇怪。它们被添加到语言中是为了提供一个一致的抽象，以便在为那些实现 OpenMP 系统的人定义 OpenMP 的详细行为时使用。

Thread（线程）：一个执行实体，它有自己的私有内存（以堆栈的形式组织）和相关的静态内存，称为线程私有（threadprivate）内存。在现代操作系统中，一个可执行程序是作为一个单一进程启动的，它定义了一个地址空间和由操作系统管理的资源集合，形成进程的表示。进程的执行是通过一个或多个线程进行的，这些线程属于该进程，并共享地址空间以及与该进程相关的任何其他资源。线程是一个通用的概念，这个术语在计算机科学中被广泛使用。与 OpenMP 线程密切相关的是 pthreads，它是 IEEE POSIX 标准中包含的一个标准线程接口。不幸的是，一些 GPGPU 编程模型使用了线程这个术语，这可能会引起混淆，因为 GPU 线程与 OpenMP 和 POSIX 中的线程完全不同。这就是为什么在 GPGPU 编程模型 OpenCL 中，放弃了线程的概念，而使用了更通用的术语 work-item。

Thread affinity（线程亲和力）：一个多处理器系统的优化是为了最大限度地提高多个同时运行的进程的性能。考虑到系统上任何时候都有大量的进程在运行，而且它们可能处于不同的活动状态或在等待系统资源，因此，保持良好的总体性能的最有效方法是操作系统在系统中的处理器之间自由迁移线程。虽然这对于服务一个基本上独立的进程集合是一个有效的策略，但是当你对单个进程的性能感兴趣时，这可能是一个糟糕的策略（通常 OpenMP 程序就是这样）。解决的办法是启用线程亲和力，也就是告诉操作系统关闭线程迁移，然后将线程绑定到特定的处理器上。

UMA：统一内存架构是一种计算机系统，其中任何内存访问的成本函数对系统中的所有处理器都是相同的。一个理想的 SMP 计算机就是一个 UMA 系统。

Worksharing（共享工作）：OpenMP 中的一种构造类型。共享工作构造指定线程组将共同执行与该构造相关联的区域所定义的工作。工作在组中的线程之间进行分工，而不是让每个线程冗余地执行区域中的代码（例如，并行构造）。共享工作循环是 OpenMP 中最常用的共享工作构造。

推荐阅读

数据中心一体化最佳实践：设计仓储级计算机（原书第3版）

作者：路易斯·安德烈·巴罗索 乌尔斯·霍尔兹勒 帕塔萨拉蒂·兰加纳坦 译者：徐凌杰
ISBN：978-7-111-64486-6 定价：79.00元

5G时代的到来，意味着万物互连后的数据大爆炸和数据来源的更加多样，而传统的超算中心和新兴的互联网企业都有日益旺盛的算力需求，在人工智能、大数据、云计算、区块链、边缘计算等新一代信息技术迅猛发展的大趋势下，它们也在向彼此靠拢、相互融合、创新发展。数据中心一体化设计正是应对多样化工作负载融合创新的重要成果，值得每一位致力于此领域的研究人员和从业者认真思考和学习。

———张云泉，中国科学院计算技术研究所研究员

今天，以谷歌、亚马逊、阿里等为代表的公司和机构，把成千上万的"电脑"以奇妙的方式组合起来，通过集中的方式、基于海量的数据，给世界上各种组织与个人提供"无穷"的计算与存储资源，从而为人类提供各式各样的信息服务。这本书从谷歌的实践和理解出发，结合世界上先进的计算机系统与体系结构领域的进展，向读者展示了这样一个"巨型电脑"的软硬件组成、核心要素、评价指标、成本分析以及未来发展趋势。如果你也想"造"一个这样的"巨型电脑"，那这本书一定应该在你的必读书目里！

———汪玉，清华大学教授

高性能计算：现代系统与应用实践

作者：托马斯·斯特林 马修·安德森 马切伊·布罗多维茨 译者：黄智濒 艾邦成 杨武兵 李秀桥
ISBN：978-7-111-64579-5 定价：149.00元

戈登·贝尔亲笔作序，回顾并展望超算领域的发展之路
戈登·贝尔奖获得者及其团队撰写，打造多路径的高效学习曲线
入门级读物，全面涵盖重要的基础知识和实践技能

高性能计算涉及硬件架构、操作系统、编程工具和软件算法等跨学科的知识，学习曲线较长。本书从中提炼出核心知识及技能，为初学者构建了一条易于理解的学习路径，夯实基础的同时注重培养实战能力。

书中首先介绍基础知识，包括执行模型、体系结构、性能度量、商品集群等；接着讲解吞吐量计算、共享内存计算、消息传递计算和加速GPU计算，围绕这些模型的概念、细节及编程实践展开讨论；然后引导读者构建应用程序，涵盖并行算法、库、可视化及性能优化等；最后，考虑真实系统环境，讨论了操作系统、大容量存储、文件系统及MapReduce算法等。书中通过大量示例来说明实际操作方法，这些均可在并行计算机上执行，以帮助读者更好地理解方法背后的原因。

推荐阅读

基于CUDA的GPU并行程序开发指南

作者: Tolga Soyata ISBN: 978-7-111-63061-6 定价: 179.00元

基于MATLAB的GPU编程

作者: Nikolaos Ploskas等 ISBN: 978-7-111-62585-8 定价: 99.00元

结构化并行程序设计：高效计算模式

作者: Michael McCool等 ISBN: 978-7-111-60064-0 定价: 89.00元

高性能并行珠玑：多核和众核编程方法

作者: James Reinders等 ISBN: 978-7-111-58080-5 定价: 119.00元